Aus dem

Auen-Mittelwalde.

Wirthschaftliche und taxatorische Bemerkungen

von

G. Brecher,

Königlich Preußischem Oberförster zu Zöckeritz, Regierungsbezirk Merseburg.

Mit einer lithographirten Tafel.

Springer-Verlag Berlin Heidelberg GmbH
1886

Additional material to this book can be downloaded from http://extras.springer.com

ISBN 978-3-642-89567-8   ISBN 978-3-642-91423-2 (eBook)
DOI 10.1007/978-3-642-91423-2
Softcover reprint of the hardcover 1st edition 1886

Vorwort.

Die nächste Veranlassung zu der nachstehenden Darstellung gab der Wunsch der Königlichen Forst=Akademie Eberswalde, für eine frühere Excursion in den hiesigen Mittelwald, zur schnelleren Uebersicht einen „schriftlichen Führer" zu besitzen. Der Verfasser, welcher kurz vorher die Arbeiten zur Betriebs= Einrichtung ausgeführt hatte, faßte dazu das Wesentliche seiner wirthschaft= lichen und taxatorischen Beobachtungen in einer kleinen Schrift zusammen.

Nachdem für dieses Jahr gleichfalls eine Excursion der Königlichen Akademie Eberswalde angesagt worden und die frühere Schrift vergriffen ist, wurde im Nachstehenden eine neue Darstellung gegeben, welche auch den übrigen das hiesige Revier besuchenden jüngeren Fachgenossen einen schnellen Ueberblick über die Bewirthschaftung und Betriebseinrichtung eines Auen= Mittelwaldes gewähren wird.

Vielleicht werden auch andere Freunde des Mittelwaldes einiges Interesse daran finden.

Zöckeritz, Reg.=Bez. Merseburg, im Juli 1886.

Der Verfasser.

Der Auen-Mittelwald nimmt im forstlichen Betriebe nur eine sehr beschränkte Fläche ein; das fruchtbare Alluvium, welches den Lauf der Flüsse besäumt, ist seine Heimath, periodische Ueberschwemmungen sind ihm eigenthümlich. Hierdurch, sowie durch die auftretenden Holzarten[1]) unterscheidet er sich vom Höhen-Mittelwalde.

Ueber die Bewirthschaftung der Auen-Mittelwälder finden sich nur vereinzelte Nachrichten; die nachstehenden Zeilen haben den Zweck eines Versuches, ein kurzes Bild eines solchen und seiner Bewirthschaftung zu liefern.

Das hiesige Mittelwald-Revier, soweit es der Niederung angehört, zerfällt in 2 verschiedene Gruppen, deren erste (Block VII) im offenen Stromgebiete der Mulde liegt und ihre jährlichen, reichlichen Ueberschwemmungen empfängt. Der Boden besteht in den tieferen Lagen aus milden, sehr fruchtbaren Schlickbildungen. Durch zahlreiche kleine, langgezogene Wasserlachen, welche die Gewalt des Stromes hier im langen Laufe der Zeiten eingegraben hat, wird der Boden in diesen Niederungen dauernd mit Feuchtigkeit gesättigt und gehört der I. Bonitätsklasse an.

Die 2. Gruppe (Block IV und V) stand, bis vor etwa 2 Jahrzehnten, unter gleichen Wassereinflüssen des nahen Mulde-Stromes, welcher aber seitdem, zum Schutze der fruchtbaren Vorländereien, eingedeicht ist. Die Ueberschwemmung erfolgt jetzt nur noch, aber jährlich regelmäßig, durch 2 Bäche, welche meist in jedem Frühjahre, zuweilen auch nochmals im Sommer, zu einer Höhe anwachsen, daß das Revier theils von ihnen überfluthet, oder doch reichlich getränkt wird.

Der Boden ist im Ganzen dem der besten Art vom vorerwähnten Block VII in Kraft und Tiefgründigkeit gleich, wird von einem milden, schwarzen, öfter kalkhaltigen Lehm gebildet und gehört dann der I. Güteklasse an. Landwirthschaftlich würde er, wie die Nachbarschaft, Zuckerrüben tragen.

Im Untergrunde, und zwar meist bei ca. 1 m Tiefe, finden sich häufig stärkere Schichten feuchten Sandes oder auch Mergels, zuweilen mit eisen-

---

[1]) Holzarten für Oberholz: Eiche, Esche, Ahorn, Rüster, Weißbuche, Schwarzpappel, Schwarzerle, Lärche; — für Unterholz: Ahorn, Weißbuche, Esche, Rüster, Hasel, Erle, Weiden, Pfaffenhütchen, Dornen, Hartriegel und verschiedene andere Straucharten.

haltigen Beimengungen; erstere, sowie nicht inunbirte Erhebungen bedingen die II. Bodenklasse, während Uebergänge in bruchige Beschaffenheit, in geringer Ausdehnung, die III. Bonität bilden.[1])

Als Folgen der erwähnten Bodenfeuchtigkeit treten zahlreiche Windbrüche im Frühjahr, zur Zeit oder bald nach Ablauf der Ueberschwemmungen ein, welche den Boden bis tief in den Grund aufzuweichen pflegen. Nicht nur eigentliche Frühjahrsstürme, sondern selbst mäßige Luftbewegungen fordern dann viele Opfer an Windfällen, welche hauptsächlich aus Aspen, Birken und Rüstern, seltener Eschen, zu bestehen pflegen, während Weißbuche und namentlich Eiche sich sturmfest zeigen.

Recht schädlich erweisen sich im Mittelwalde auch die Gewitterstürme, namentlich in den letztgehauenen Schlägen. Denn durch die beim Hiebe erfolgte Wegnahme des Unterholzes und stärkere Lichtung des Oberholzes ist den Stürmen Eingang in die bis dahin geschlossenen Bestände gewährt. Sie fassen die im Sommer vollbelaubten Kronen der schlanksten und besten Laßreiser und Oberständer als günstige Hebelpunkte und beugen sie, in bedeutender Zahl, tief und dauernd zur Erde nieder (Fig. 1). Kommt dann nicht balbige Hilfe, so verlieren sie die Spannkraft und gehen für die Wirthschaft verloren.

Die Art der Wiederaufrichtung ist eine verschiedene: Mit Hilfe sehr hoher Bockleitern (5—6 m) werden entweder lange kieferne Baumpfähle (3—4 m über der Erde lang) eingeschlagen (Fig. 2), an welche sie, mit mehreren schwachen Drähten, nach Unterlage von etwas Moos angebunden werden, oder es findet ein Anziehen mittelst Drahtbänder an kurz aus der Erde ragende, schräg eingeschlagene Pfähle (Fig. 3) oder an benachbarte, stehende Bäume statt (Fig. 4 und 5). Binnen kurzer Zeit haben die Stämme ihre natürliche Stammhaftigkeit wieder erlangt, so daß sie der Drahthalter, welche etwa nach 2—3 Jahren abrosten, zum ferneren standfesten Wuchse nicht mehr bedürfen.

---

[1]) Die Bodengüte der mit Mittelwald bestandenen Alluvialbildungen der benachbarten Flüsse ordnet sich, je nach der Fruchtbarkeit der durchflossenen Landstriche, im Allgemeinen folgendermaßen: 1. am reichsten ist der Saalboden (Mittelwald der Preußischen Oberförstereien: Löbderitz, Belauf Rosenburg, Grünwalde, Belauf Ronney, Schkeudiz, Belauf Rabeninsel bei Halle a. S., Anhaltische Oberförsterei Bernburg.

2. Weiße Elster: Oberförsterei Schkeudiz;

3. Elbe: Preußische Oberförstereien: Rothehaus, (Mittelwaldbeläufe Heinrichswalde und Propstei.) Löbderitz, Grünwalde, Biederitz, Anhaltische Oberförstereien Gr. Kühnau bei Dessau und Steckby.

Zuletzt erst folgt: 4. Mulde: Oberförsterei Zöckeritz.

Doch treten ad 3 und 4 insofern Schwankungen ein, als die beiden Flüsse Elbe und Mulde stellenweise bald mehr Schlick, bald mehr Sand ablagern, wodurch im ersteren Falle Theile der Anschwemmungen der Mulde denen des Elbbodens zuweilen an Kraft gleich sind.

Auf diese Weise müssen in einem einzigen Schlage oft mehrere hundert der besten, edlen Jungstämme gerettet werden. Die Kosten incl. Material betragen pro Hundert Stämme 10 M. Anderen Orts findet Köpfen im Krümmungspunkte statt, mit leiblicher Neubildung einer Krone, während das früher übliche „auf die Wurzel setzen" allergünstigten Falls geringwerthiges Unterholz lieferte, aber große Lücken im jungen Oberholze riß.

Als Vorbeugungsmittel gegen Schaden durch Sommerstürme wird weiter Verband (3,5 m) bei der Pflanzung möglichst stufiger Heister angewandt, weil engerer Schluß zu schlaff emporgeschossene Jungstämme lieferte, welche den Gewitterstürmen erlagen.

Vorkommen und Verhalten der einzelnen Holzarten.

Die Eiche

bildet neben der Esche den vorherrschenden Oberbaum; sie ist in der Niederung ganz ausschließlich in der Stieleiche vertreten. Dieselbe besitzt über das ganze Revier hin gute Langschäftigkeit und Stärke und eine für Mittelwald verhältnißmäßig geringe Astverbreitung, so daß z. B. Kahnkniee fast gar nicht erzeugt werden.

Hier auf dem milden Flußthalboden, in dem ihren Fuß reichlich beschirmenden Mittelwalde [1]) im verhältnißmäßig räumlichen, den Zuwachs in hohem Grade fördernden Stande, bei der auf das Stamm-Individium gerichteten Zucht, welche alle schwächlichen und krankhaft beanlagten Exemplare in kurz wiederkehrenden Schlagperioden beseitigt, bei der natürlichen Langschäftigkeit und Astreinheit sind vorwiegend die Bedingungen geboten zur Erziehung des immer mehr gesuchten Eichen-Starkholzes.

---

[1]) Neuerdings ist von physiologischer Seite der wohlthätige Einfluß des Bodenschutzholzes auf das Gedeihen des Baumholzes bezweifelt, namentlich den werthvollen Nachweisen des O. F. M. Kraft und Fm. Runnebaum gegenüber. Wer täglich den Wachsthumsgang im Mittelwalde vor Augen hat, dem ist der Segen des Unterholzes ganz unzweifelhaft, welches, wie es in der Waldpraxis heißt, einen „warmen Fuß" schafft, in Wirklichkeit aber den Sonnenstrahlen sowie hoher Kälte wehrt, den Boden kühl und frisch erhält und düngt und den Humus vor Verflüchtigung schützt, so daß zopftrocken gewordene Eichen nach Schutz durch Unterholz bald wieder frisch ergrünen. Im Sächs. Forstverein de 1882 betont Obfst. Schulze, das Unterholz sei das unentbehrliche Hilfsmittel zur Oberholzerziehung. Fm. Knorr F. u. J. Ztg. 1871: „Hauptzweck des Unterholzes ist Bodenkräftigung". Wenn Oberholz nach der Schlagführung im Mittelwalde zuweilen breitere Jahresringe anlegt, so ist dies wohl lediglich auf den Lichtungszuwachs in Folge der Wegnahme von gleich hohen Nachbarn zurückzuführen.

Ein thatsächlicher Vorwurf gegen den Mittel- und den Niederwald wäre wohl der: oftmaliger Entziehung des Schlagholzes und häufiger Freilegung des Bodens. Carl Heyer erklärt: „Auf Mittelboden magern die Mittelwälder ebenso frühzeitig aus, als die Niederwälder."

Die Eiche findet sich im Niederungs=Mittelwalde nur als Oberholz, im Unterholze fehlt sie gänzlich. Eichensamenjahre treten irgendwie reichlich nur in etwa 5 bis 10jährigen Zwischenräumen ein. Die tiefe und feuchte Lage des Flußthals hat fast jährliche und starke Spätfröste im Gefolge, welche die Eichenblüthen zerstören. Tortrix viridana macht sich zuweilen bemerkbar, seltener die Processionsraupe, häufig Geometra brumata und der blüthen= zerstörende Maikäfer. Die geringe Samenerzeugung bildet, neben dem star= ken und erstickenden Graswuchse, die Ursache, daß auf natürlichen Aufschlag im Auen=Mittelwalde, fast garnicht zu rechnen ist[1]), mit Ausnahme einiger höher gelegener, trockener und wenig graswüchsiger Bodenstellen mit vielem Lichteinfall, namentlich an den Bestandsrändern. Aus den gleichen Ursachen entspringt der erwähnte Mangel jeglichen Eichen=Unterholzes und kommt noch hinzu, daß die Ausschlagsfähigkeit der Eichen, sowie aller vorkommenden Ober= holzarten sich hier, der Regel nach, nur bis zur Stangenstärke (20—25 cm) erhält[2]), wenn auch ganz vereinzelt stärkere und selbst ganz starke Stämme eine längere Ausschlagsdauer zeigen.

Erwähnenswerth ist eine zuweilen in den Eichen auftretende Anbrüchig= keit, selbst wenn sie äußerlich guten Wuchs, volle Kronenbildung und schein= bare Gesundheit zeigen. Es läßt sich genau verfolgen, daß derartige Krank= heitsformen aus wohlgemeinten aber nachtheiligen Aestungen aus früherer Zeit herstammen, in welcher man glaubte, durch Aufästung des Oberholzes, unmittelbar am Stammkörper, einerseits seine Langschäftigkeit und Nutzbar= keit noch erhöhen und andererseits den Druck auf das Unterholz mindern zu können. Unter wenig bemerkbaren Ueberwallungen finden sich eingefaulte Stellen, welche die Brauchbarkeit zu Nutzholz in hohem Grade beeinträchtigen.

Noch schärfer tritt diese Erscheinung bei Weißbuchen auf, bei welchen eben so viele sehr tiefgehende Faulstellen sich finden, als Aeste weggenommen wurden. Hierdurch ist von den sehr gesuchten und theuer bezahlten Weißbuchen= Nutzholzstämmen ein Theil ziemlich werthlos geworden.[3])

---

[1]) Schon Georg Ludw. Hartig sagt: „Wollte man sich im Mittelwalde auf die Nachzucht junger Eichen durch natürliche oder künstliche Besamung verlassen, so würde der Zweck gar nicht, oder sehr unvollkommen erreicht werden, weil die jungen Pflanzen nicht aufkeimen oder in den gut bestandenen Schlägen des Niederwaldes von den Stockausschlägen bald überwachsen und erstickt werden."

Cotta: „Wenn Lücken im Mittelwalde entstehen, verläßt man sich zu sehr auf die Be= samung durch Oberholz, diese ist aber selten von Erfolg, denn nur unter äußerst günstigen Verhältnissen ertragen die Samenpflanzen den Schatten der benachbarten Stockausschläge." (cf. Wagner, Waldbau S. 455).

[2]) Pfeil: Forstwirtsch. nach r. prakt. Ansicht 5. Aufl. S. 4. „Je langsamer der Wuchs der Eiche ist, desto länger schlägt sie aus, an dürren Berghängen oft bis zu 100 Jahren und darüber mit Sicherheit, im Fluß= und Meeresboden oft nur bis zu 40 oder 50 Jahren."

[3]) Fm. G. Wagener: Waldbau 1884 pag. 521: „Durch die sinn= und zwecklose Grund=

Erst nachdem bei den Schlagstellungen die Schneidelungen unterlassen wurden (seit etwa 15—20 Jahren) herrscht wieder Gesundheit, wenigstens in den jüngeren Altersklassen.

Im Allgemeinen sind in Bezug auf Aestungen im Laubholze des Mittelwaldes folgende langjährige Beobachtungen gemacht: Bekanntlich hat die Esche von der Jugend an bis in das mittlere Lebensalter eine ganz besonders starke Neigung zur Zwieselbildung. Ahorn und Eiche schließen sich hierin an; nach Abfrieren des Haupttriebes tritt Ersatz desselben aus mehreren Seitenästen und dadurch, oft schon in ganz geringer Höhe, jene sehr störende Zwiesel- oder Gabelbildung ein, welche den wirthschaftlichen Hauptzweck: langschäftige, werthvolle Nutzstämme zu erziehen, geradezu vereitelt, wenn auch die einzelnen Röhren starker Gabeln sich wohl noch als Nutzenden zu untergeordneten Preisen verwerthen lassen.

Hier gilt es, durch unausgesetzte Pflege rechtzeitig Vorkehrung zu schaffen und zwar durch Beseitigung der Zwiesel und der die Krone[1]) bedrängenden Emporkömmlinge. Denn wie im Staatsleben nur bei einer mächtigen Krone Gedeihen herrscht, so auch bei den Bäumen des Waldes. Hier wie dort bewährt sich die alte homerische Mahnung:

Οὐκ ἀγαθὸν πολυκοιρανίη, εἷς κοίρανος ἔστω, εἷς βασιλεύς.

Nichts taugt die Vielherrschaft, Ein Herrscher soll sein, Ein König allein.

Darüber, wie die hinderlichen Astbildungen zu beseitigen sind, herrscht große Verschiedenheit der Meinungen. Viele wollen Aestung unmittelbar am Stamme, Andere fügen noch das Recept des Anstrichs der Schnittfläche mit Steinkohlentheer hinzu, und die Franzosen Vic. de Courval und Ct. des Cars haben diese Lehre sogar in ein System gebracht. Der Verfasser muß nach zahlreichen Beobachtungen, sich auf einen anderen Standpunkt stellen: Beim Nadelholze, welches in allen Theilen von natürlichem Harzgehalt durchdrungen, der Fäulniß leichter widersteht, mag Aestung am Stamme wenig schädlich sein; beim Laubholze aber, mit seinen wässerigen Säften, wird jede Aestung am Stamme, soweit es Stärken über einen Daumen hinaus betrifft, eine Gefährdung der Gesundheit des Baumes. Hierfür legen jene erwähnten Verluste an Eichen, Weißbuchen und Eschen im hiesigen Reviere beredtes Zeugniß ab. Ferner waren in der mit der Gewerbe-Ausstellung zu Halle a. Saale im Jahre 1881 verbundenen, sehr großartigen forstlichen Aus-

---

äftung der Oberständer und Waldrechter ist den deutschen Waldungen, wie ich befürchte, ein tiefgreifender Schaden zugefügt worden, der erst nach seinem Umfange in späterer Zeit erkannt werden wird. Für den bayerischen Steigerwald ist derselbe amtlich constatirt. Der Verfasser hat tausende von Eichen-Nutzholzstämmen mit und ohne frühere Entästung vermessen und dabei Erfahrungen gesammelt, die ihn zu den vorstehenden Warnungen berechtigen."

[1]) Pfeil: Mittelwald de 1824, S. 71. Die eigentliche Krone darf bei keinem Stamme, der stehen bleiben soll, verletzt werden.

stellung aus den Mittelwäldern der berühmten Königl. Preuß. Oberförsterei Schkeuditz mehrere Hunderte von Belegstücken von Eichen-Aestungen ausgestellt, welche, theils dicht am Stamme, theils mit Belassung längerer Aststummel, ausgeführt waren. Alle ersteren zeigten Roth= und Weißfäule bis tief in den Baum hinein, sämmtliche Belegstücke letzterer Art aber volle Gesundheit des Stammes.

Ganz dieselben Beobachtungen werden jährlich beim Einschlage im hiesigen Revier gemacht.

Diese Erscheinung erklärt sich auf ganz natürliche Weise: Eine starke Eiche oder Esche 2c. z. B., welche bis 15 m Höhe astrein, glattschäftig und vollständig gesund ist, hatte früher, vom astreichen, stufigen Heister mit langem Pyramidenschnitte an, Hunderte von Aesten und Aestchen, welche die Natur selbst, ohne einen Schaden, oder nur irgend eine Spur zu hinterlassen, mit kundiger, gleichsam mütterlicher Hand allmälig beseitigt hat.

Anders, wenn der Mensch diese Glieder unmittelbar am Baumkörper, mit menschlicher Ungeschicklichkeit abtrennt.

Diese Wunden, namentlich, wenn die Säfte noch unter dem Ueberzug von Steinkohlentheer balbigst stocken, werden bei den meisten Aesten über Daumenstärke unheilbar.[1]

Es leitet sich daraus die Regel ab, schädliche Zwieselbildungen, möglichst früh, in den ersten Jahren ihres Entstehens zu beseitigen, immer mit Hinter= lassung von längeren Stummeln, nach Art des Pyramidenschnitts. Selbst stärkere Aeste (etwa 8 und 10 cm) können auf diese Weise gekürzt werden, wenn: je stärker der Ast, desto länger (1 oder 1,5 m) der Stumpf belassen wird (Fig. 6). Den letzteren läßt die Natur dann allmählich abtrocknen.

Wird dieser Proceß genau untersucht, so ergiebt sich, daß das Holz im Stamme, an der Basis der gehörig langbelassenen Stumpfe, von außer= ordentlicher Härte und Gesundheit, fast hornartig ist, und unwillkürlich wird man an die bekannte Bezeichnung „Hornäste" erinnert.

Oberforstrath Pfeil empfahl in früheren Jahren die Aestung dicht am Stamme[2]; später, jedenfalls auf Grund übler Erfahrungen, aber nur die Stummelung.[3] Eine Aestung zu Gunsten des Unterholzes findet hier, bei der

---

[1] Burkhardt: Säen und Pfl. 4. Aufl. S. 11. An stärkeren Oberholzstämmen wird durch Abnehmen grüner Aeste, wegen zu großer Schnittwunden, mehr geschadet als genützt.

[2] Behandlung und Schützung des Mittelwaldes, Züllichau 1824 S. 71.

[3] Pfeil, Deutsche Holzzucht 1860. pag. 133. „Wenn man Stummel stehen läßt, so verdient dies den Vorzug, weil dabei das Einfaulen der Stelle, wo der Ast abgehauen wird, sich nicht auf den eigentlichen Stamm ausdehnt", und pag. 169 „nur darf man die Aeste nicht zu dicht am Stamme wegnehmen, damit sie nicht einfaulen. Läßt man so lange Stummel stehen, daß sich Ausschläge daran entwickeln können, so wird die Reinheit des Stammholzes nicht gefährdet."

Geringwerthigkeit des letzteren, nirgends Statt, höchstens daß ausnahmsweise ein dünner übermüthig lang ausgereckter Baumzweig, der einen guten Heister bedrängt, nach obigen Grundsätzen auf 2—3 und mehr m Länge eingestutzt wird. Selbst bei den sehr empfindlichen Weißbuchen tritt, bei dieser Art bloßer Ausspitzung, Schaden nicht ein.

Wo zu ästige Stämme verdämmend auf Unterholz oder Heister drücken, oder mangelhafte Wuchsformen erwarten lassen, da vermeidet man das Schneideln und zieht die Wegnahme des ganzen Baumes vor, um an seine Stelle kräftigen Jungwuchs zu setzen. Wo aber ganze Reviere oder Revier=theile nur Oberholz=Eichen mit buschigen, ganz verästeten Formen, ohne nennenswerthe Schaftlängen hervorbringen, da ist man, wenn nicht gruppen=weiser, dichterer Schluß noch Abhilfe schafft, überhaupt an der Grenze der Mittelwald=Wirthschaft angelangt und muß zum Hochwald mit Bodenschutzholz übergehen. Als Beleg hierfür dient z. B. der Belauf Elbenau des nahen Elbreviers Grünwalde, wo auf äußerst strengem, humuslosem, rothem Fluß=lehm ziemlich gute Eichen=Hochwaldformen dicht neben recht dürftigem, von unten auf schon in Aeste gegangenem Oberholzwuchs im Mittelwalde sich finden. Es werden deshalb dort Uebergänge in Hochwald kräftig und ge=deihlich betrieben.

Die Königliche Artillerie=Werkstatt zu Spandau, welche in den hiesigen Mittelwaldschlägen jährlich eine reiche Auswahl von Eschen=, Korkrüstern=, und auch Weißbuchen=Stämmen, nur auserlesener bester Qualität, vornimmt, bemängelt im Allgemeinen den technischen Werth der Eichen aus den Auen=wäldern, weil sie im Holzkörper häufig kleinere oder größere gelbe Flecken und Ringe zeigen, welche die Verwendung zu Artillerieholz verhindern.

Durch völlig reine Textur zeichnen sich nach ihr besonders schlesische Eichen aus (vielleicht robur anstatt der Niederungs=pedunculata?) und ge=langen solche fast ausschließlich für die Königliche Artillerie zur Verwendung. Auch im hiesigen Revier tritt eine gewisse unreine Textur ziemlich häufig auf. Die Artillerie=Verwaltung wählt daher selten hier Eichen aus und nur ganz einzelne Stämme, denen man das Strotzen von Gesundheit ansieht, finden Gnade vor dieser kritischen Instanz. Andere Käufer dagegen zeigen große Vorliebe für die hiesigen Eichen und finden dieselben für technische und land=wirthschaftliche Zwecke, sowie zum Export ins Ausland, bei hohen Preisen reichliche Verwendung.

Die von dem Referenten jahrelang und an mehreren Hunderten von Stämmen vorgenommenen Untersuchungen ergaben:

Für Eichen (pedunculata)

a. auf gutem Boden

Durchmesser 1,3 m über dem Boden cm	Volle Baumhöhe bis zur Spitze m	Alter Jahre	Derbholz Formzahl	Abfall des Durchmessers pro jeden Höhenmeters cm
bis 20	15	39	0,46	0,3
21—30	17	44	0,50	0,5
31—40	19	60	0,56	—
41—50	21	72	0,64	1,0
51—60	22	100	0,65	—
61—70	23	130	0,66	—
71—80	24	132	0,64	2,0
81—90	25	135	0,64	3,0
91—100	25	140	0,63	—
101—110	26	142	0,63	—
maximal 165 cm	32	168	0,60	—

b. auf mittlerer Bodenklasse

Durchmesser cm	Volle Höhe m	Alter	Derbholz-Formzahl
bis 20	14	33	0,500
21—30	15	44	0,566
31—40	16	67	0,575
41—50	17	76	0,582
51—60	18,6	94	0,591
61—70	19,5	116	0,585
71—80	20,6	119	0,570
81—90	22	138	0,546

c. auf Höhenboden mit fast hochwalbartigem Schluß (Robur)

Durchmesser cm	Volle Höhe m	Alter	Derbholz-Formzahl
bis 20	10	48	0,476
21—30	14	85	0,489
31—40	17	108	0,488
41—50	20,0	149	0,493
51—60	21,2	176	0,514
61—70	22,4	185	0,423
71—80	23,1	208	0,412

Die Schwankungen der Formzahlen im Mittelwalde sind sehr groß, und kommen darin Differenzen innerhalb derselben Durchmesser- resp. Höhenklasse bis 25 % vor (z. B. von 0,44—0,69), weil in keiner anderen der üblichen Betriebsarten, etwa mit Ausnahme des ähnlichen Lichtungsbetriebes, die

Faktoren für die Stammentwickelung: Schluß oder Freistand, Druck oder Lichtgenuß einem so großen Wechsel unterliegen, noch einen so bedeutenden Einfluß üben, als im Mittelwalde. Nur aus großen Summen untersuchter Stämme, womöglich mit Scheidung in die I. oder II. Entwickelungsklasse, kann man verwerthbare Resultate erzielen.

Aus diesem Grunde ist auch das auf Inhaltsermittelung weniger Probestämme begründete Huber'sche Verfahren der Massen-Ermittelung im Mittelwalde nicht wohl anwendbar.

Im Allgemeinen hat sich hier für die erste Bodenklasse eine große Aehnlichkeit mit den Formzahlen der III. u. IV. Eichen-Vollholzigkeitsklasse der „Burkhardt'schen Hilfstafeln für Forsttaxatoren de 1873" pag. 41 ergeben, und deren Anwendbarkeit auch für den Niederungsmittelwald gut bestätigt. Unter die Burkhardt'sche II. Klasse sinken die Eichen hier, soweit sie überhaupt dem Niederungsboden angehören und nicht etwa ganz unterdrückt sind, nicht herab.

Für den praktischen Gebrauch empfiehlt es sich übrigens dringend, im Mittelwalde nicht die vollen Derbholzmassen, wie solche nach den mathematisch berechneten Formzahlen sich ergeben würden, für die Massen-Ermittelungen in Ansatz zu bringen, sondern einige Procente davon abzuziehen. Denn im Mittelwalde steckt das in den Formzahlen berechnete Derbholz zum nicht geringen Theile, z. B. hier bei Eichen zu 15—20 %, in den Aesten, und jeder Wirthschafter hat erfahren, daß Ast-Derbholz sich wohl leicht mathematisch berechnen, nicht aber, trotz aller Vorsichtsmaßregeln, mit gleicher Schärfe gewinnen läßt, namentlich wenn noch Anbrüchigkeit auftritt.

Die Esche

hat für den hiesigen Mittelwald eine mindestens gleiche Bedeutung, als die Eiche, denn

a) überall zeigt sie einen guten, die Eiche, namentlich in der Jugend, meist auch bis zum Alter, überflügelnden Wuchs.

b) Der Boden bietet ihr, bei dem ziemlich häufigen Vorkommen von mergeligem Untergrunde, vielfach noch günstigere Wachsthumsbedingungen, als der Eiche.

c) Ihre Nachzucht im Mittelwalde wird von der Natur unterstützt, während die Eiche hierin versagt. Wo einmal alte Eschen stehn, da werden ihre beflügelten Samen in weitere Kreise vom Winde oder Hochwasser getragen; namentlich an feuchten Stellen, trotz allen Graswuchses, entstehen wüchsige Horste von kräftigen Jungeschen, welche kostenlos eine willkommene Hülfe der Wirthschaft bilden, die, je nach Bedarf, das werthvolle Oberholz daraus vermehren, oder das Unterholz durch die üppigen Ausschläge verdichten kann.

d) Die Esche ist, im wichtigen Gegensatze zur Eiche, nicht nur als Ober=
holz, sondern auch als Unterholz gleich vorzüglich. Während im Ueber=
schwemmungs=Boden auf Eichen=Stockausschläge überhaupt nicht zu rechnen
ist, da sie im mannshohen Grase und unter dem Drucke schnellwüchsiger
Unterhölzer ersticken, liefert die Esche, wegen des kräftigen Treibens ihrer
Ausschläge, neben Erle, Rüster und Ahorn, hauptsächlich den Derbholz=Ertrag
aus dem Unterholz und zwar für Esche, Rüster und Ahorn in sehr gesuchten
Nutzholzstangen, wogegen den anderen Unterholzarten, bei gleichem Umtriebe,
meist nur die Reisholzbildung überlassen bleibt. Auch lassen sich Eschen=
Stockausschläge zu guten Oberholzstämmen erziehen, welche sich, selbst bis zu
einer Stärke von nahezu 1 Meter in Brusthöhe, soweit gesund erhalten, daß
in der Regel nur die unterste Scheitlänge über dem Wurzelknoten abgeschnitten
zu werden braucht, um ein eben so gutes Nutzstück zu erlangen, wie aus
Samenpflanzen. Solche aus Stockausschlägen hervorgegangene Stämme lassen
aber, wie zahlreiche Zuwachsermittelungen des Referenten ergeben haben, etwa
vom 50.—60. Jahre ab, ganz erheblich im Zuwachse und Vollholzigkeit nach.
Die Nachzucht von Eschen=Starkholz wird daher zweckmäßiger aus Samen=
pflanzen zu bewirken sein.

e) Die Esche besitzt gleich dem Ahorn (gegenüber der Rüster und Eiche)
eine große Widerstandsfähigkeit gegen Dürre, selbst im ersten Jahre der Ver=
pflanzung. Wahrscheinlich bringt sie große Vorräthe von Reservestoffen, in
ihren Zellen aufgespeichert, mit, von denen sie, bei etwaigen Unbilden des
Verpflanzungsjahres, zu zehren und freudig fortzugrünen vermag.

Eschen=Nutzstämme werden sehr lebhaft begehrt u. A. von den Militair=
Werkstätten zu Ulanen=Lanzen, von Tischlern, Drechslern, von Wagenbauern
zu Sitzen und dem ganzen inneren Ausbau der Eisenbahnwagen, ferner zu
den gesammten Obergestellen der Kutschwagen, während die umschließenden
polirten Bretter aus leichtem Schwarzpappelholze hergestellt werden.

Bei dem ausgedehnten Bau von Wagen erscheint eine rege Nachfrage
nach beiden Holzarten dauernd gesichert.

Die früher von Tischlern zu Fournieren hochbezahlten starken Astgabeln
der Eschen werden jetzt fast völlig vernachlässigt, seit die Eschen=Fourniere
denen voll tropischer Gluth der Farben in der Mode weichen mußten.

Aus Eschen=Stangen werden in besonderen Fabriken Wagenkränze aus
einem Stück durch Bähung gefertigt, Eschenausschläge zu Spazierstöcken gesucht.

Sehr starke alte Eschen sind wegen ihrer Sprödigkeit weniger zu Nutz=
holz begehrt als glattwüchsige, mittlere, welche, auch nach Mittheilungen der
Königlichen Artillerie=Werkstatt, in ihrer Elasticität sogar mit dem Hikori=
Nußbaum wetteifern.

Beschädigungen erleidet die Esche in kaum erwähneswerther Weise
durch Hylesinus crenatus, Horniſſen, Lytta ꝛc.; erheblich aber durch

Hylesinus fraxini, namentlich in feuchten und Frostlagen. Zunächst ent=
stehen, etwa in Brusthöhe stärkerer oder schwächerer Eschenstangen, kleine
Wunden von etwa 1 cm Durchmesser, mit warzenartig aufgetriebenen Rändern,
sogenannte „Eschen=Rosen" (Ratzeburg Waldverderbniß). In diese Wunden
schlüpfen einige der hier zahllos, namentlich auch in der Rinde eingeschlagenen
Klafterholzes, vertretenen Hylesinus fraxini und vergrößern sie so, daß
brandige Stellen entstehen, bis zur Größe eines Menschenkopfes, welche letztere
dem Stamme den Tod bereiten. Meistens findet sich eine Gruppe derartig
brandiger Eschen neben einander.

Wem Geldmittel und Arbeitskräfte zur Verfügung stehen, der kann
durch Bestreichen der „Rosen" mit Raupenleim, während des Winterlagers,
oder durch Abschneiden der noch kleinen Krusten mit einem Schnittmesser,
bis auf's gesunde Fleisch (ähnlich dem Röthen der Kiefern), die befalle=
nen Stämme retten. Häufig, namentlich auf kräftigen, nicht zu feuchten
Standorten, besorgt die Ueberwallungskraft der Esche die Heilung selbst=
ständig.

Bemerkenswerth ist die Anziehungskraft der Esche für den Blitz, namentlich
in bestimmten Reviertheilen, so daß kein Gewitter hier vorüberzieht, ohne
an einer Mehrzahl von Eschen seine starken Zeichen zu hinterlassen. Werden
sie nicht direkt zerschmettert, so schaden Blitzschläge, die an Eschenstämmen
nur herunterfahren, nicht das Mindeste. Die Ueberwallungskraft heilt bald
den meist nur äußerlichen Schaden und gedeihlich grünt und wächst der Stamm
weiter einem hohen Alter entgegen, während Eichen und Pappeln ähnlichen=
falls alsbald vergehen.

Von der Amerikanischen Esche (Fraxinus americana) sind hier
Exemplare bis zur Stärke kräftiger Stangen (20 cm) vorhanden; sie
scheinen anspruchsvoll in Bezug auf Bodenkraft, entwickeln sich aber auf guten
Standorten mit überlegener Schnelligkeit, gegenüber der deutschen Schwester=
art und übertreffen diese auch noch wesentlich durch größere Elasticität und
Zähigkeit.

Der Anhaltische Oberförster Herr Blume, welcher diese Fraxinus americana mit einem Anflug von Lokalpatriotismus „Fraxinus ascanica" nennt[1]),
rühmt ihre Verwendbarkeit zur Auspflanzung von Lachen, in denen Ueber=
schwemmungswasser lange stauet und Schwarzerlen eingehen, Kopfweiden aber
unrentabel sind.

Mit gleichem Erfolge ist diese Fraxinus americano-ascanica, nach
Blume, auch auf hochliegenden Standorten mit starken Uebersandungen, wie solche
„nicht selten nach gewaltigen Hochwassern entstehen, und wo die Eiche nur
„mit außergewöhnlichen Kulturmaßregeln noch zu erziehen ist, aber kurzschäftig

---

[1]) Forstliche Blätter. Februar 1885.

bleibt", mit Leichtigkeit und Gedeihen erzogen. Auch soll sie dem Schälen durch Rothwild nur in geringem Maße unterworfen sein.

Bei Eschen=Unterholz darf nicht zu tief, sondern nur im jungen Holze gehauen werden, wenn nicht die Ausschlagsfähigkeit sehr leiden soll. (cf. auch Pfeil, Deutsche Holzzucht S. 284.)

Außerordentlich tiefer Hieb, bis in die Erde, erscheint überhaupt bei den meisten Holzarten mehr theoretisch als praktisch richtig, und wo an einem Stocke recht kräftige und zahlreiche Ausschläge sich zeigen, da wird man auch finden, daß ihnen wenigstens ein Finger breiter Saum junger Rinde gegönnt ist, ganz ebenso, wie man Stummelpflanzen nicht ganz in die Erde begräbt, sondern ihnen einige Centimeter Ausschlagsraum oberirdisch beläßt.

Die ermittelten Formen der Esche sind:

Esche

a. auf gutem Boden

Durchmesser auf 1,3 m über dem Boden cm	Volle Höhe bis zur Spitze m	Alter Jahre	Derbholz Formzahl	Abfall des Durchmessers pro laufenden Höhenmeter cm
bis 20	16,5	25	0,410	0,5
21—30	19	37	0,424	0,8
31—40	20	52	0,430	1,0
41—50	22	63	0,557	1,2
51—60	25	77	0,546	2,0
61—70	26	93	0,527	—
71—80	26	112	0,512	2,5
81—90	27	132	0,541	3,0
91—100	28	154	0,562	—
101—110	29—30	175	0,588	2,3
max. 139	32,5	—	—	—

b. auf Mittelboden

Durchmesser cm	Höhe m	Alter	Derbholz Formzahl
bis 20	12,5	—	0,410
21—30	13,6	49,2	0,424
31—40	17,2	50	0,436
41—50	17,6	66	0,469
51—60	22	90	0,486
61—70	23,4	100	0,514
71—80	24,0	120	0,498
81—90	24,3	130	0,486
91—100	25,0	149	0,483
101—110	25,0	170	0,480

Die Weißbuche.

Von großer Bedeutung für das hiesige Revier ist die Weißbuche, sowohl wegen ihres zahlreichen Vorkommens, als auch wegen ihres wirthschaftlich hohen Werthes.

Auf dem allerbesten Boden, dem schwarzen, schweren frischen Lehm, zieht sie sich vor der Rüster (welche sich hier hauptsächlich heimisch fühlt) und vor Eschen und Eichen als Oberholz zurück. Ihr eigentliches Terrain ist hier der etwas lockere, durch einige Sandbeimengung gemilderte Lehm. Den Torfbruch meidet sie, aber auf recht ungünstigen und schwierigen Bodenarten, dem eisenschüssigen, strengen, flachgründigen Thon und dem lehmigen Sande, wo edlere Holzarten versagen, erscheint sie fast als Retterin, wüchsig und gedeihlich. Für ihre reichliche Vermehrung sorgt sie von selbst durch alljährliche starke Samenerzeugung. Unbehelligt arbeiten sich die jungen Sämlinge durch Gras, durch Schatten und Hochwasser hindurch und übernehmen die Füllung der Lücken.

Das reichliche Auftreten der Weißbuche, namentlich in Altersklassen von etwa 70 Jahren, läßt darauf schließen, daß man früher die Waldpflege mehr der Axt als dem Spaten überließ, und wenn ein Wald die Geschichte seiner Zeit wiederspiegelt, so dürften in dieser Erscheinung noch die Spuren der Wirren des französischen Krieges und seiner Nachwehen lesbar zu erkennen sein.

Wenn die Weißbuche auch ziemlich unduldsam gegen Nachbarn und Unterholz ist und durch ihren dunklen Schatten verdämmt, wenn sie auch durch ihre weitgereckten Aeste im Einzelstande einen großen Wachsraum einnimmt, auch nach jeglicher etwaiger Aufästung Anbrüchigkeit zeigt, so liefert sie doch andererseits ein weit über die Produktion hinaus stark begehrtes Nutzholz, welches von der Königlichen Artillerie, von Drechslern, Stellmachern, Müllern, von Fabriken zur Werkzeugbereitung, zu Fleischklötzen, die mosaikartig aus einzelnen Stücken zusammengesetzt werden, namentlich auch zu Bierspähnen theurer bezahlt und auch exportirt wird. Schon in wenigen Unterholz-Umtrieben liefert sie aus Samenpflanzen, sowie Ausschlags-Laßreisern werthvolles Dreschflegelholz, wobei sie die Verwerthung von ganz kurzen Längen (bis 68 cm herab) zu Nutzholz gestattet. Während anderes Brennholz, der umliegenden sehr zahlreichen Kohlengruben wegen, schwer verkäuflich ist, finden Weißbuchen-Scheite stets einen sehr schlanken Absatz, hauptsächlich auch zur Bierspahnbereitung. Diese Scheite werden, nach Aussortirung aller glatten Stücke zu Schichtnutzholz, sämmtlich rund und ungespalten belassen, so weit sie nicht einzeln ganz anbrüchig sind, um so der Absicht der Käufer entgegenzukommen, noch etwaige Theilchen der Rollen dieses ihnen so werthvollen Materials zur Nutzholzverwendung herauszufinden. Ihrem hohen Geldertrage nach bildet die Weißbuche neben der Esche und Eiche den „Brodbaum" des hiesigen Mittelwaldes.

Durch ihre reichlichen und widerstandsfähigen Sämlinge trägt die Weißbuche zur kostenlosen Verdichtung ihres vorzüglichen und den Boden bereichernden Unterholzes bei, welches gleichfalls zu Nutzholz für Bier= spähne dient.

Ihre Ausschlagßfähigkeit endet als Regel bei 25 cm Stärke auf dem Stamme, und wird bei der Schlagauszeichnung hiernach die Entscheidung zu treffen sein, ob es gilt, durch Wegnahme solcher Stärken für Unterholz, oder durch Stehenlassen für Oberholz zu sorgen.

Bei Ueberhalt empfiehlt es sich, solchen möglichst in ganzen Horsten von Weißbuchen vorzunehmen; denn alsdann verhindert ein Stamm das schädliche Ausrecken des andern; die starke Beschattung trifft nur die eigene Species und wird nicht auf empfindliche edle Holzarten ausgedehnt, wie dies beim Einzelüberhalte der Fall sein würde. Durch das Ueberhalten von Eschen=, Ahorn=, Rüstern= und auch Weißbuchen=Laßreisern, welche selbst bei dem geringeren Alter von einigen Unterholz=Umtrieben, schon brauchbares Oberholz, und zwar Nutzholz liefern, ist die Möglichkeit geboten, nicht nur das Oberholz im Allgemeinen zu vermehren (wobei die erwähnte Vorsicht nöthig wird, Stockausschläge nicht zu alt werden zu lassen), sondern nament= lich auch Ergänzungen im Oberholz und Nutzholzerträge für solche Alters= klassen zu schaffen, welche binnen Kurzem, etwa nach einigen Umtrieben, zum Hiebe gelangen, aber schwach mit Oberholz ausgestattet sind. Dementsprechend wird, je nach Vorrath und Bedarf, der Ueberhalt von Laßreisern nicht nur für einzelne Schläge, sondern auch für ganze Blöcke, bei sonst gleichen Boden= verhältnissen verschiedenartig ausfallen müssen. Die Mitbenutzung einiger guter Laßreiser aus Stockausschlägen ist gewiß nicht ausgeschlossen, man kann den schnellen Jugendwuchs derselben einige Zeit ausnutzen, ohne jedoch darauf irgendwie wesentlich die Nachzucht gründen zu wollen.

Bei den hervorragend werthvollen Eigenschaften der Weißbuche wird ihre Nachzucht auch künstlich mit Erfolg betrieben, namentlich auf sonst schwierigem oder leichterem Boden, durch verschulte Heister, welche, aus jungen demnächst verschulten Anflugswildlingen erzogen, gut gedeihen.

Die ermittelten Formen der Weißbuche als Oberholz im hiesigen Mittelwalde sind:

Weißbuche II. Bodenklasse

| Durchmesser 1,3 m über dem Boden | Volle Baumhöhe bis zur Spitze | Alter | Derbholz- |
cm	m	Jahre	Formzahl
bis 20	14,0	32	0,397
21—30	17,0	49	0,515
31—40	18	62	0,540
41—50	18,6	80	0,542
51—60	19,5	98	0,545
61—70	20,2	116	0,561

III. Bodenklasse (schwacher Mittelboden)

| Durchmesser 1,3 m über dem Boden | Volle Baumhöhe bis zur Spitze | Alter | Derbholz- |
cm	m	Jahre	Formzahl
bis 20	11,2	39	0,395
21—30	12,4	50	0,402
31—40	14,2	65	0,452
41—50	16,1	82	0,488
51—60	17,0	99	0,505

Der Ahorn

findet sich in den drei einheimischen Arten, doch kommt davon nur:

1. der Bergahorn (A. pseudoplatanus) reichlich und bei Weitem am meisten im Ober- und Unterholze vor. Seine Wuchsform ist selten beträchtlich langschäftig, vielmehr nimmt er gern in nicht großer Höhe eine gabelige, verästete Form an. Es rührt dies, ebenso wie bei der Esche, vom häufigen Abfrieren des Mitteltriebes und vom Ersatz desselben durch Seitentriebe her.

Die gute Pflege eines Mittelwaldreviers ist unter Anderem auch an der möglichst rechtzeitigen und fortgesetzten Beseitigung aller Zwieselbildungen bei Esche und Ahorn anzuerkennen.

Als Oberbaum hat der Bergahorn hier nur in der Jugend einen schnellen Wuchs und hält meist nur bis zum Alter von 80 oder 100 Jahren in voller Gesundheit aus; er liebt kräftigen, sehr frischen, selbst feuchten und nassen Boden. Als Nutzholz findet er zu Tischlerholz, namentlich neuerdings zu Stühlen mit durchlöcherten Sitzen, zu Parquetböden, ferner als modernes, vielgesuchtes Material für Laubsägearbeiten und anderem Schnitzholze, sowie zu den aufziehbaren hölzernen Fensterjalousien, in besonderen großen Fabriken, hauptsächliche und reichliche Verwendung. Sehr gewundene Stämme wandern in großstädtische Villen, um dort die feingeschwungenen Bogen schöner Treppengeländer zu bilden. Zu Stellmacherholz ist der Ahorn, angeblich wegen leichten Stockens, weit weniger beliebt als die Esche und bleibt unberücksichtigt, so lange letztere zu erlangen ist.

Die Herstellung von Schuhstiften, zu deren Anfertigung bisher nachbarlich mehrere Fabriken thätig waren, hat leider auch dem amerikanischen billigen Massenimport erliegen müssen.

Für Ahornnutzholz erster Wahl ist die gleichmäßig weiße Farbe des Holzes ein Haupterforderniß, während brauner Kern Kauflust und Preis erheblich mindert.

Der Hauptbezug für den umfangreichen Gebrauch des Bergahorns in Leipziger Fabriken findet aus Tirol statt, in Stämmen von 1 m und darüber Durchmesser, denen die Dimensionen des hiesigen Auenbodens erheblich nachstehen.

Als Unterholz steht Bergahorn hier durch die große Zahl überraschend kräftiger Ausschläge in der allervordersten Reihe und übertrifft darin erheblich selbst die schnelltreibende Esche.

Von letzterer, mit ihren gleichfalls gegenüberstehenden Aesten, unterscheidet sich der Bergahorn im blätterlosen Zustande und an jüngeren Stämmen (ehe die platanenartige Abblätterung erscheint) schon von Weitem an der ganz matten, wie mit einem bräunlichen Broncehauch überzogenen Rinde und an den spitz zulaufenden Seitenästen, während Eschenrinde jüngerer Stämme glänzendgrünlich erscheint, die Seitenäste aber bis an das Ende dick auslaufen.

2. Der Spitzahorn (Ac. platanoides) ist schneller wüchsig, ausdauernder und dabei auch weit anspruchsloser an Bodenkraft, als der Bergahorn; er erreicht hier eine Höhe, Stärke und Astreinheit, viel vollendetere Formen, z. B. bis 27 m Höhe und 88 cm Durchmesser in Brusthöhe, gegen welche der Bergahorn erheblich zurückbleibt. Die Hauptconsumenten des Ahorn-Nutzholzes begünstigen aber für feine Möbel, Laubsägewaaren den weißholzigen Bergahorn, aber für Geräthe und Schuhstifte den Spitzahorn, welcher beim Anbau jetzt berücksichtigt wird. Zahl und Kraft der Stockausschläge ist ganz erheblich geringer, als bei dem hierin unerreichbaren Bergahorn.

3. Der Feldahorn (Ac. campestre) kommt im eigentlichen Ueberschwemmungsgebiet fast nur als Unterholz vor, während er in dem benachbarten Belaufe Kämmerei (Block VIII) auf an sich feuchten Stellen, vielfach kräftige Baumformen von 18—19 m Höhe, bei Durchmessern von über 50 cm zeigt. Sein Holz nimmt eine überraschend feine, schöne Politur an und wird gern gekauft.

Die ermittelten Formen des Bergahorn als Oberholz im hiesigen Mittelwalde sind:

Durchmesser 1,3 m über dem Boden cm	Volle Baumhöhe bis zur Spitze m	Alter Jahre	Derbholz-Formzahl
bis 20	10	36	0,384
21—30	15,4	45	0,446
31—40	17,3	58	0,452
41—50	18,2	63	0,458
51—60	20	71	0,465
61—70	21	84	0,501

Die Erle.

Von den beiden Erlenarten ist die Schwarzerle, von Natur und durch Pflanzung, auf allen niedrigen Stellen des hiesigen Auenwaldes reichlich eingesprengt. Im Allgemeinen etwa bis zum 60.—80. Jahre im Oberholz belassen, erreicht sie doch an bevorzugten Stellen, an Bachesrand, wenn aus Samenpflanzen hervorgegangen, in voller Gesundheit ein weit höheres Alter, bis zum 100. Jahre und darüber, mit stattlichen, eichenartigen Dimensionen und bis 32 m Höhe.

Vom Mittelstamme an ist sie als Nutzholz sehr beliebt, namentlich als Modellholz für Eisengießereien und die Königl. Artillerie-Werkstatt, sowie von Tischlern, Drechslern und Pantoffel- und Kistenmachern sehr gesucht. Desgleichen ist sie wegen ihrer Leichtigkeit eine Specialität für die Holztheile von Ziehharmonika's. Sämmtliches Scheitholz bleibt ungespalten, ebenso wie bei Weißbuchen, zur Verwendung für Nutzzwecke. Ansamung wird auch von der Natur bewirkt.

Die Erziehung von Heistern findet in Saat- und Pflanzkämpen auf frischen Lagen statt und werden erstere, zur Vermeidung des Auffrierens der sehr zarten Keimlinge, mit einer etwa 10—12 cm hohen Schicht Sandes, namentlich auf den Saatrillen, vor der Aussaat bekarrt. Heister in Tieflagen erfordern Obenaufpflanzung.

Als Unterholz ist die Erle sehr schnellwüchsig, ausdauernd und ertragreich, so daß bei den Antheilen, welche das Schlagholz an den Derbholz-Erträgen liefert, die Erle hauptsächlich (neben Esche, Ahorn, Rüster und Weißbuche) in Betracht kommt.

Bei der Schlagauspflanzung mit Heistern von Eichen 2c., ist es gerathen, von Erlenstöcken, namentlich solchen, welche nach der Lichtseite (Süden und Westen) vorstehen, in respektvoller Entfernung abzubleiben, da bei dem schnellen Emporschießen der Erlenausschläge und ihrer ziemlich kräftigen Beschattung, die gepflanzten Heister baldigst in große Bedrängniß gerathen würden. In Tieflagen (sogenannten Lachen) mit Anstau von Frühjahrs- und Sommerwasser, nach Ueberschwemmungen, muß der Hieb in Erlen-Unterholz entsprechend hoch geführt werden (bis 0,75 m Höhe), damit die Ausschläge nicht im Wasser ersticken.

Die Weißerle (A. incana) ist ein Product künstlicher Anpflanzung, zur Erziehung von Oberholz, doch bietet sie als solches ein trauriges Bild und steht, etwa nur 25jährig, selbst auf vorzüglichem Boden, schon im Absterben. Ein Kind des rauhen, gebirgigen Nordens, kann sie als Baum in der weichen Luft der Ebene sich nicht lange heimisch fühlen. Zu Niederwald, im 7 bis 8jährigen Umtriebe erzogen, liefert sie in dem benachbarten Privatreviere Löbnitz des Herrn von Schönfeldt, Bruders des früheren Preußischen Landforstmeisters v. S., dauernd recht hohe Erträge, allerdings nur schwachen Reisigs, welches hier, in der Nähe zahlloser Kohlengruben, nicht absetzbar sein würde.

Die Weißerle scheint sich nur für ganz kurze Unterholz-Umtriebe zu bewähren. Im weiteren Alter treibt sie etwas Wurzelbrut.

Bei Aufforstung der 60 ha großen kahlen Bergkuppe des Petersbergs bei Halle a. S., in einer Höhe von ca. 250 m, hat die Weißerle in Lohden- und Heisterstärke, neben dem Acer californicum, mehrmonatlichen Regenmangel und Sonnenbrand wiederholt ungefährdet ertragen, während Fichten und selbst Kiefern erlagen.

In dem Königlichen Elb-Mittelwaldreviere Löbderitz wird die Weißerle umfangreich und meist gedeihlich zu Bodenschutzholz verwendet.

Die ermittelten Formen der Erle als Oberholz im Mittelwalde sind:

Durchmesser cm	Volle Höhe m	Alter Jahre	Derbholz- Formzahl
bis 20	12	30	0,404
21—30	19	42	0,422
31—40	19,2	59	0,429
41—50	20	65	0,438
51—60	23	72	0,437
61—70	24	76	0,422

Die Rüster

ist hier in sämmtlichen drei Arten[1]

1. Ulmus suberosa Lin. (campestris Kienitz) Kork- oder Rothrüster,
2. „ effusa Lin. (effusa Kienitz) Flatter- oder Weißrüster,
3. „ campestris Lin. (montana Kienitz) Feldrüster, Haselrüster (wegen der haselartigen Blätter)

---

[1] Dr. M. Kienitz in Münden, Zeitschrift f. Forst- u. Jagdw., Januar 1882. S. 37—52, hat eine vortreffliche „Beschreibung der drei in Deutschland wild wachsenden Rüsternarten" gegeben. Einzig schade darin ist, daß wohl ohne Grund für zwei Rüsternarten die so

und zwar ad 1 recht zahlreich, in den beiden andern Arten, welche wegen der Geringwerthigkeit des Holzes absichtlich mehr und mehr verdrängt werden, noch ziemlich häufig vertreten.

Wenngleich eine Anzahl von Botanikern nur 2 einheimische Ulmenarten suberosa Lin. (oder campestris) und effusa unterscheidet, so kann doch bei genauer Untersuchung Niemand, und namentlich kein Praktiker, dieser Annahme zustimmen. Denn nicht nur die äußere Erscheinung läßt jede dieser drei Arten meist schon von Weitem deutlich unterscheiden, sondern auch eingreifende constante botanische Kennzeichen, sowie die ganz verschiedene Beschaffenheit und Brauchbarkeit des Holzes weisen auf die nothwendige Trennung der drei Arten hin.

Als Unterscheidungszeichen führe ich, neben den genugsam bekannten noch an:

1. Ulmus suberosa, Kork= oder Rothrüster:

Wurzelbrut: stets reichlich, auch an stehenden Bäumen, sowohl an Hauptwurzeln, dicht am Stamme, als an dünnen, weitstreichenden Wurzel= strängen.

Stamm: rundgeformt, mit wenig zahlreichen Wasserreisern, welche bei alten Bäumen immer mehr abnehmen.

Rinde: dunkelbraun, am ganzen Stamme mit sehr tiefen (1,5—2 cm) wellenförmigen, annähernd senkrechten Furchen, zwischen diesen 1,5—2 cm breite, meist flache, oder auch dachförmig scharfe, korkige Rücken. (Fig. 7).

Holz: Die dunkelbraune, pflaumenbaumartige Farbe des Kernes reicht bis an die Splintlagen und füllt fast den ganzen Durchschnitt aus.

Aeste: Die jüngeren korkig, in der Krone aufgerichtet, die unteren unter 45°, nach oben immer mehr anliegend; die Wasserreiser mehr wagerecht. Weder die Wasserreiser noch die Kronenäste ruhen auf warzigen Wülsten, sondern kommen unmittelbar aus dem Stamme hervor. (Fig. 8).

---

passenden und tief eingebürgerten Linné'schen Benennungen theils untereinander vertauscht, theils ganz abgeändert sind, so daß danach Verwechselungen unvermeidlich werden.

So ist Ulmus campestris Lin. in montana abgeändert, während sie in der Ebene und sogar im Flußthal über Verlangen reichlich auftritt.

Ferner ist der so scharf bezeichnende, unter Forstleuten und Holzkäufern so vertraut gewordene Name „Korkrüster" suberosa, in campestris umgewandelt. Wenn auch ganz vereinzelt und ausnahmsweise (nach Willkomm) bei andern Rüsternarten Korkansätze gefun= den sein sollen, was Dr. Kienitz selbst für Irrthum hält (dem Verfasser ist dies bei 12 Jahre langer Untersuchung in rüsternreichen Revieren nicht geglückt), so hätte doch nach dem Grundsatze: „Denominatio fit a parte potiori" der Name suberosa erhalten werden sollen. Die Korkrüster steigt auch hoch in die Berge und kommt z. B. auf der Höhe des Schlosses Mansfeld bei Eisleben vor.

Erfreulich ist, daß O. Fm. Borggreve in seiner „Holzzucht" (1885, S. 66) die guten Linné'schen Namen und drei deutsche Rüsternarten aufrecht erhält.

Krone sehr dicht durch viele ganz dünne haarartige Aestchen (sehr sicheres Kennzeichen bei unbelaubtem Zustande).

Knospe schwarzbraun, weiß behaart, rundlich eiförmig, klein, 2—3 mm, an beschatteten Aesten, Wasserreisern und Wurzelbrut oft nur minimal.

Blätter (Fig. 9) klein („kleinblättrige Rüster") excl. Stiel durchschnittlich 8 cm (in max. 11—12 cm) lang, 4—5 cm (in max. 7 cm) breit (in der Mitte am breitesten), bis herab zur Größe von Prunus spinosa-Blättern, namentlich an Wurzelbrut; oben lorbeerglänzend, dunkelgrün, pergamentartig und rauh, unten hellgrün, glatt, in den Aderwinkeln weiße Haarbüschel, die Seitenrippen liegen ziemlich parallel, nach außen etwas divergirend und dann veräftet, so daß in jeden Hauptsägezahn eine Haupt= oder Theilrippe mündet. Blattstiel dünn (1 mm), fast kahl, lang; bis zum Beginn der untersten Blattfläche: bei kleinen Blättern 7 mm, bei größeren 10—15 mm. Die eigentliche Blattspitze entsteht durch gerabliniges, fast dreieckiges, allmähliches Zu= laufen des Blattes; Sägung schwach, Sägezähne viel kleiner und viel weniger tief eingeschnitten als bei den beiden anderen Arten (3—4 mm breit 2 mm hoch), jeder Hauptsägezahn hat je 1 oder 2 Ansätze von doppelter Zähnung.

Blüthe: (Fig. 10) seitenständig, an oberen und mittleren Aesten; an Wasserreisern selten, in vielbüscheligen Köpfchen (rundlich, wie kleiner Kleekopf, von 7 mm Durchmesser), die einzelnen Blüthen fast sitzend: Stiel 0,5 mm lang, Blüthenhülle (Perigon) meist 4= (5)theilig, schief, klein, 2 mm lang 1,5 mm breit; Staubfäden, meist 4 (5) dunkelbraun, lang, das Perigon um 2—2,5 mm überragend.

Frucht: (Fig. 11) ungewimpert, mittelgroß, durchschnittlich 22—23 mm lang, einschließlich des meist noch ansitzenden Perigons; und 12—13 mm breit; größte Breite im oberen Drittel, wo auch das Nüßchen (Samenfach) liegt. Letzteres reicht bis an die Zipfel des oberen Einschnittes, welche übereinandergreifen, aber so, daß noch ein kleines Loch wie ein Nadelöhr verbleibt.

Farbe des Flügels: wie Birkenflügel, stark durchscheinend, weißlich hell; Nüßchen matt ledergelb.

2. **Ulmus effusa**, Flatterrüster, Weißrüster.

Wurzelbrut: wie suberosa, reichlich.

Stamm: über dem Wurzelknoten, bis 1 m hoch: ausgeprägt dreieckig (Fig. 12), Rinde weniger rissig, blättrig, an Laßreiseln glänzend glatt, wie Süßkirschbaum; später mit faust= bis kopfgroßen warzigen oder maserigen Wülsten (Fig. 13), aus denen sowohl kürzere Aeste, als kurze, bürstenartige, filzige dichte Wasserreiser hervorkommen.

Holz: Kern schmal, schwach bräunlich, Splint gelblich, Aeste ohne Kern.

Krone: ziemlich dicht, ähnlich suberosa.

Blatt=Knospe: schlank und spitz, hell=zimmt= oder cigarrenbraun, mit dunklen Rändern, kahl.

Blätter: (Fig. 14) 11,5 cm ohne Blattstiel und durchschnittlich größer als suberosa, kleiner als campestris, papierartig dünn; Oberseite: weit heller als suberosa und campestris Lin. und etwas rauh. Unterseite: ganz hellgrün und leicht flaumhaarig, die größere Blatthälfte häufig tief herabhängend, wie bei campestris, Rand sehr scharf doppelt gesägt, mit auffallend großen Zähnen, 8 mm breit, 8 mm hoch, die Blattadern ziemlich parallel, nach außen divergirend, wenig gegabelt, weil die Zähne groß und daher weniger zahlreich sind, so daß die Adern auch ohne wesentliche Vermehrung durch Gabeln genügen, die Zähne zu stützen.

Blattspitze: bald allmählich hervortretend, an der Basis noch breit 12 mm (ähnlich suberosa), bald plötzlich hervorspringend (ähnlich campestris).

Blattstiel: kurz 4 mm; mäßig dick, 2 mm.

Blüthe: (Fig. 15) langgestielt, bis 18 mm, die mittleren kürzer, in Bü=schel= oder Schirmtrauben, 6—8männig (octandra), die Staubfäden glänzend, hellweiß, oder flachsfarbig; das im unteren Drittel grüne, oben hochrothe glockenförmige, 2 mm breite, 2 mm hohe Perigon um 1,5 mm überragend.

Früchte: (Fig. 16) klein (11 mm ohne Perigon, 15—16 mit demselben lang, 9 mm breit), stark gewimpert, Nüßchen dunkelgelb, lederfarbig, wie Erlen=samen, liegt in der Mitte des Flügels, welcher gleichfalls ziemlich dunkelgelb ist, so daß die ganze Frucht fast einfarbig aussieht. Flügel nur gegen das Licht etwas durchscheinend. Zipfel mit sehr tiefem Einschnitt, welcher bis an das centrale Nüßchen herunterreicht.

3. **Ulmus campestris** (Lin.), (montana Kienitz), Feld=Rüster, Hasel=Rüster.

Wurzelbrut: fehlt gänzlich.

Stammform: schwankt zwischen effusa und suberosa; meist über dem Wurzelknoten ausgeprägt breitheilig („dreikluftig") wie effusa, seltener mehr rund, wie suberosa. Die Aeste kommen bald auf kleinen Polstern am Ast=grunde wie effusa (Fig. 17), bald ohne solche, unmittelbar aus dem Stamme heraus wie suberosa (Fig. 18). Es fehlen aber die dicht mit Astfilz be=setzten, großen masrigen Auswüchse der effusa.

Rinde: hellgraubraun, fast glatt, wenig rissig (5 mm tief), häufig mit Parmelia tiliacea bewachsen.

Holz: nur halber Kern leicht gebräunt, Aeste ohne Kern, leicht brüchig; nur der zähe Bast leistet beim Brechen Widerstand.

Krone: auffallend sperrig, luftig, Aeste fächerförmig, d. h. 3 und mehr liegen in einer Horizontal=Ebene, auch die Seitenzweige laufen dick aus, wie bei Esche, die feine haarartige Verästung der Korkrüster fehlt.

Laub=Knospe: sehr dick, durchschnittlich 6 mm lang, 5 mm breit,

3—4fach voluminöser als suberosa, schwarzbraun, mit rostbraunen Härchen ganz überzogen.

Bei Ulmus campestris sind Seitenzweige, Knospen, Blätter, Perigon (Blüthenhülle) nebst Stiel, sowie Samen durch verhältnißmäßige Größe (eine gewisse Gedrungenheit der Form) ausgezeichnet.

Blätter: (Fig. 19) haselähnlich, durchschnittlich weit größer und namentlich viel breiter, als bei suberosa und effusa; häufig 16 cm lang, 9 cm breit, größte Breite liegt auf $^2/_3$ der Höhe. Farbe: Oberfläche tief dunkel= grün, mit fast schwärzlichem Anhauch, matt; Unterseite blaugrün. Dicke: geringer als suberosa, stärker als effusa, unten und oben sehr rauh („scabra" Koch) oder wie wollig anzufühlen, gleich Hasel; Mittelrippe, Blattstiel und Blattnerven der Unterseite durchaus und reichlich weich behaart, fast jeder Nerv nach dem Rande zu, 1 bis 2 Mal gegabelt, in jeden Hauptzahn mündet ein Haupt= oder ein Gabelnerv, in den Winkeln Haar= büschel. Rand: doppelt gesägt, Hauptzähne scharf nach oben gekrümmt, klein 3,5—4 mm breit, 2 mm hoch; bei manchen Blättern auf $^4/_5$ der Höhe ein Paar große Zähne (wie Eckzähne) 6 mm breit, 6 mm hoch.

Blattspitze: lang, 15 mm, ganz schmal, zungenartig, plötzlich aus der Blattrundung hervorspringend, wie bei Hasel.

Blattstiel: sehr dick, 3 mm kurz, max. 6—7 mm lang, dicht behaart, die unterste der beiden schiefen Blatthälften tief nach unten gebogen, bis an oder unter die Spitze des Blattstieles herabhängend, öfters denselben ganz bedeckend (öhrchenartig).

Blüthe: (Fig. 20) knäulständig, ähnlich wie suberosa (flos glomeratus), Blüthenstielchen jedoch viel länger (1—2,5 mm). Staubfäden: meist 5 (6) violett, das Perigon um 3 mm überragend, Perigon: größer, namentlich viel breiter als bei den anderen, an der Basis grün, oben purpurn, braun gewimpert; campestris blüht bei gleichem Standort und zwischen den beiden anderen Arten wachsend, acht Tage früher als diese.

Frucht: (Fig. 21) ungewimpert, groß, durchschnittlich 25—30 mm incl. ansitzendem Perigon. Breite 18—19 cm; am breitesten in der Mitte, wo auch ganz central das Nüßchen liegt, Farbe des Flügels: grünlich gewässert, durchscheinend.

Von Bedeutung als Oberholz bleibt ausschließlich die Korkrüster (Roth= rüster), während campestris Lin. (montana Kienitz) hier weit weniger gern gekauft, effusa aber als Nutzholz fast ganz verschmäht wird. Die Holzkäufer unterscheiden die drei Arten sehr genau, die Korkrüster erkennen sie leicht an dem großen braunen Kern und der korkigen Rinde; wo ersterer fehlt, da bleibt auch die Kauflust aus. Den beiden letzteren Arten wird der Vorwurf gemacht, daß sie sich, selbst nach langer Ablagerung, auch im trockensten Zu= stande, noch sehr werfen, auch leicht stocken. Beim längeren Lagern im

Walde dürfen Rüstern weder bewaldrechtet, noch eingehauen werden (wie bei Birke), sondern nur auf Unterlagen ruhen. Ebenso werden Eschen-Nutzhölzer behandelt. Die besten Stämme, aber instruktionsmäßig ausschließlich nur von Korkrüster, wählt jährlich die Königliche Artillerie-Werkstatt zu Lafetten, Radnaben 2c. aus, so weit dieselben ihren strengen Ansprüchen an volle Gesundheit, festes Gefüge, Astreinheit und centrischem Wuchs durchaus entsprechen. Auch dienen völlig gesunde Stämme zum Export in die benachbarten Großstädte, namentlich Sachsens. Auch Pfeil (Deutsche Holzzucht pag. 267) betont: „wo man die Rüster nur um des Nutzholzes willen erzieht, muß die Korkrüster allein angebaut werden, soweit der Boden sich dazu eignet."

Mit Recht ist der Schwerpunkt dabei auf die Bodenkraft gelegt, denn keine anspruchsvollere unter den einheimischen Holzarten ist denkbar, als die Korkrüster, welcher nur der Auen-Ueberschwemmungsboden allererster Art genügt. Beim mindesten Nachlasse der Bonität häufen sich sofort zahlreiche Krankheitserscheinungen, namentlich Eisklüfte, Saftfluß, Kernrisse und bleibt dann Stark-Nutzholz für Stellmacher, Tischler, Wassermüller (Radschaufeln) und zu Fournieren nur in beschränktem Maße tauglich, während die Artillerie solche Stämme gänzlich verwirft. Sehr gesucht von Stellmachern werden Stangen und gerade Mittelbäume von Korkrüstern zu Deichseln an Dreschmaschinen.

Daß die Rüster auf hervorragend gutem Auenboden (Elster-Niederung des Sächsischen Mittelwald-Reviers Ehrenberg bei Leipzig) in der unmittelbaren Nähe einer Großstadt, bei gänzlichem Fehlen von Eschen-Stämmen im Reviere, sehr guten Absatz und hohen Geldertrag bringen kann, beweist die Mittheilung des Oberförsters Ettmüller[1]). In einem benachbarten Elbreviere dagegen, mit nicht ganz so gutem Boden, aber gutem Eichen- und Eschenwuchs, und entfernt von Großstädten, lagern über 1000 Rüsternstämme unverkäuflich seit Jahr und Tag, trotz vieler Versteigerungs- und Submissionstermine.

Ein Anreiz zum besonderen Anbau der Rüstern, bei der besseren Rente aus Eschen, Eichen, Weißbuchen, Ahorn, Erle liegt daher, seit der Eindeichung, für das hiesige Revier nicht vor. Die Natur sorgt überdies einigermaßen für Einsprengung aus Samen, und reichlich durch Wurzelbrut.

Effusa hat weder von Frost, noch sonst von einer der Unbilden, denen die Korkrüster ausgesetzt ist, zu leiden, ist vielmehr von unverwüstlicher Lebenskraft, auch in Bezug auf Bodenansprüche weit genügsamer und verschmäht selbst mittelkräftige Brücher nicht. Wegen ihrer außerordentlichen Schwerspaltigkeit wird sie auch als Brennholz gering geachtet („heizt zwei

---

[1]) Ettmüller, Hochwald oder Mittelwald auf Auenboden, Tharander Jahrbuch Band 33. S. 104—116.

Male, erst den Spalter, dann den Ofen"). Beliebte Verwendung findet sie als Specificum zu „Hebeladen", jenen vieldurchbohrten, prismaförmigen Werkzeugen, welche zum Aufladen des Bauholzes auf Wagen dienen.

In früheren Jahren pflegten viele Korkrüstern, welche wegen guten Gedeihens erst kürzlich auf den Schlägen übergehalten waren, schnell zopftrocken zu werden und dann, fortschreitend nach unten zu, abzusterben. Dabei folgte Eccoptogaster scolytus als steter Begleiter dieser Krankheitserscheinung so, daß er stets in den halbtrockenen Rindenstellen, etwa 1 m über den noch vollsaftigen Baumtheilen zu finden war und in gleichem Schritt mit dem weiteren Absterben des Stammes, sich bodenwärts bewegte. Durch Fangbäume, deren Rinde verbrannt wurde, ist seitdem E. scolytus und mit ihm das Eingehen der Rüstern gänzlich verschwunden, auch die Frage gelöst, ob der Fraß primär oder secundär war.

Günstig ist das Verhalten der Rüster in sämmtlichen Species als Unterholz. Sie erträgt eine starke Beschattung, entwickelt (mit gänzlicher Ausnahme von campestris Lin.) reichliche und schnellwüchsige Wurzelbrut, neben nur spärlicheren Stockausschlägen, kräftigt den Boden durch Laub und Schatten, liefert schon in Stangenstärke beliebtes Nutzholz, sowie gern gekauftes Brenn-Reisig, während Scheit- und Knüppelholz als sehr schwerspaltig und mit glimmender Flamme brennend, geringere Kauflust finden.

Im Volksmunde heißt die Rüster hier „Ruster", wahrscheinlich ein alt vergährter Hinweis auf das nur glimmende Brennen der Rüster und auf ihren starken Ansatz von Ruß in den Oefen.

Die sichere Ausschlagsfähigkeit reicht hier gleichfalls nur bis ca. 25 bis 30 cm Stammstärke.

Die etwaige Erziehung von Oberholzstämmen aus Wurzelbrut oder Stockausschlägen empfiehlt sich, wie bei der Esche, nur bis zu mittleren Stammstärken, wegen der von da ab sehr zurückbleibenden Entwickelung im Vergleich zu Samenpflanzen. Zur Starkholzerziehung eignen sich daher ausschließlich die letzteren, während Ausschläge zu dem recht gesuchten Stangen-Material gute Verwendung finden können.

Wegen ihrer flachlaufenden Wurzeln wird die Rüster leider das häufige Opfer von Stürmen, namentlich im Frühjahr nach Ueberschwemmungen.

Die nach vielen Messungen ermittelten Formen der Rüster ergeben:

Korkrüfter (als Oberholz auf gutem Boden).

Durchmesser auf 1,3 m über dem Boden cm	Volle Höhe bis zur Spitze m	Alter Jahre	Derbholz-Formzahl	Abfall des Durchmessers pro lf. Höhenmeter cm
bis 20	16	46	0,455	0,5
21—30	18,6	58	0,469	0,8
31—40	20	74	0,499	1,0
41—50	21,5	86	0,505	1,3
51—60	22,2	102	0,489	1,8
61—70	23	112	0,477	2,4
71—80	24	120	0,470	2,9
	maximal 33 m			

Die Pappel.

Ihrem Vorkommen nach hatte die Aspe unter den Pappelarten bisher die größere Bedeutung für das hiesige Revier, während sie ihrer Nutzbarkeit nach wesentlich hinter der bisher nur vereinzelt auftretenden Schwarzpappel zurückstand. Sie mischte sich in allen Schlägen, theils mehr theils minder stark eingesprengt, unter die edlen Holzarten aus Wurzelbrut, selten wohl aus natürlicher Besamung, niemals aus künstlichem Anbau herrührend. Ihre Wurzelbrut überzieht oft die Mittelwaldschläge nach dem Hiebe in belästigender Weise, doch verschwindet sie vielfach schon innerhalb des ersten Umtriebes; was davon bleibt wird in der Regel bald kernfaul.

Etwas besser gestaltet sich der Gesundheitszustand nur auf den allervorzüglichsten Lagen des Ueberschwemmungsbodens im Block V und VII, wo auch die Aspen durch eine hellgrüne, dünnschalige Rinde sich vor der mehr gelblichen Rindenfärbung in anderen Beläufen auszeichnen.

Soweit die Aspe als Nutzholz liegen gelassen werden kann, findet sie zu Stakerholz für Windeldecken, zu Tischlerarbeiten, zu Drechslerholz und namentlich zur Papier-, Zündholz- und Pantoffel-Fabrikation, als ungespaltenes Scheit- und Knüppelholz willige Käufer, abgesehen von ihrer dem Waidmanne so wichtigen Bedeutung als winterliche Wildfütterung.

Zur Erziehung gesunden und ausdauernden Oberholzes wurde neuerdings versuchsweise die von Oberforstrath Pfeil (Deutsche Holzzucht Seite 297 u. 98) empfohlene Auspflanzung verschulter Wurzelbrut angewendet. Diese Versuche können nicht als erfolglos bezeichnet werden, sind aber bald, zu Gunsten der in jeder Beziehung werthvolleren Schwarzpappel, jetzt abgeschlossen.

Die Schwarzpappel, in den beiden Species canadensis und nigra, lenkt durch ihr außerordentlich schnelles Wachsthum, verbunden mit überraschend hohen Verkaufspreisen, sowie durch die Leichtigkeit und Sicherheit

ihrer Erziehung, die volle Aufmerksamkeit auf sich. Muldenhauer bezahlen
sie selbst über den Preis starker Eichen hinaus; verstehen es aber auch, aus
jedem einzelnen Stamme eine große Anzahl von Mulden zu entnehmen; zuerst
die möglichst größte, dann aus dem ausgehobenen Reststücke wieder die mög=
lichst größte und so fort, bis zu kleinsten Dimensionen. Würden zuerst die
kleineren Mulden ausgehoben und dann die größeren, so würde das Holz
zerspringen.

Wagenbauer suchen die Schwarzpappel zu den Seiten= und Boden=
brettern von Kutsch= und Ackerwagen, weil gute Dauer und große Leichtig=
keit in solchen Brettern zweckdienlich vereinigt sind. Aus gleichen Gründen
ist Pappelholz zu dem ganzen Bau der Klaviere neuerdings in Aufnahme
gekommen, z. B. bei berühmten Leipziger Firmen und auch anderwärts.
Ebenso verdanken die modernen hölzernen Reise= und Musterkoffer, sowie die
handlichen und so praktischen Gewehrkoffer der Jäger ihre Beliebtheit der
Leichtigkeit und Festigkeit des Pappelholzes. Rechnet man hierzu noch den
Gebrauch zu allerhand gutem Bauholz, so entspricht ein begünstigter Anbau
gewiß der vielseitigen und intensiven Benutzung.

Der Ueberschwemmungsboden sagt der Schwarpappel sehr zu; sie ist
durchaus nicht anspruchsvoll, gedeihet gut auf schwarzem Sande bei genügen=
der Bodenfrische. Ihr Anbau erfolgt durch etwa 2—2,5 m hohe Setzstangen,
welche niemals aus Aesten alter Pappeln, die außerordentlich schlecht oder gar
nicht anwachsen, sondern lediglich aus recht saftigen, ca. 4jährigen Trieben
von Kopf= und Schneidel= oder seltener aus Stock=Ausschlägen von besonders
zu diesem Behufe geköpften oder gehauenen Schwarzpappelstämmen entnommen
werden. Die Spitze und die oberen kronenbildenden Seitenäste des Setzlings,
etwa auf $^2/_5$ der Höhe, werden voll belassen, das untere Stammende schräg
und spitz zugeschnitten. Die Pflanzlöcher sind 0,4 m □ und 6 m tief.

Diese saftreichen Triebe leiden allerdings in den ersten Wintern, bis
zur Vernichtung, durch Mäusefraß, namentlich bei den hohen Schichten von
Trockengras des Ueberschwemmungsbodens. Es ist hier jedoch ein äußerst
einfaches Hausmittel erfunden, welches seit Jahren vollständigen Schutz
gewährt. In Beschattung leidet die Schwarzpappel erheblich.

Die ermittelten Formen der Aspe ergaben:

Durchmesser auf 1,3 m über dem Boden cm	Volle Höhe bis zur Spitze m	Alter Jahre	Derbholz= Formzahl
bis 20	10,2	27	0,483
21—30	13	37	0,470
31—40	16,5	43	0,424

Die Birke

ist im Auen=Mittelwalde eine Charakterpflanze für leichteren Boden, weil
auf schwerem die üppig treibenden Unterhölzer sammt dem erstickenden Gras=
wuchse, sowie das geschlossener stehende Oberholz die sehr zarten jungen
Keimlinge der Birke nicht aufkommen lassen. Ihr Wuchs ist ziemlich schnell,
ihr Schatten licht, ihre Ausdauer nicht ungünstig, ihr Nutzholz namentlich
in Schneidestärken zu Bohlen und bei Buntmasrigkeit sehr gesucht.

Als Unterholz ist sie nur auf wenigen, etwas torfigen Flächen spärlich
vorhanden, im Auen=Mittelwalde fehlt es gänzlich.

Wo reichlichere Einsprengung der Birke gewünscht wird, empfiehlt es
sich, einige Jahre vor dem Hiebe des betreffenden Mittelwaldschlages auf
kleine Lichtstellen Birkensamen auszustreuen, welcher dann weniger von Ver=
dämmung durch Gras und Unterholz leidet, als nach Schlagführung und bis
dahin bereits einigen Vorsprung gewonnen hat.

Für etwaige Pflanzung erweisen sich Ballen recht nützlich, welche auch
selbst etwas stärkere Pflanzen, wie sie der Mittelwald fordert, über alle
Fährlichkeiten sicher hinweghelfen.

Die Rothbuche

ist im Ueberschwemmungsgebiete in wenigen vereinzelten, gleichalten, also
wahrscheinlich gepflanzten, etwa 23 m hohen, 77—80 cm in Brusthöhe
starken Stämmen vertreten.

Ein besonderer Anlaß zur weiteren Nachzucht liegt, namentlich bei der
Nähe von Buchenrevieren, nicht vor.

Obstbäume

kommen hier nur als Wildlinge vor, da in hiesiger Gegend jeder Schutz
veredelten Obstes im Walde durchaus vergeblich wäre, sowohl in Bezug
auf die Stämme selbst, als auch deren Früchte.

Die Akazie

ist kein Baum des Mittelwaldbetriebes, da in dem raumen Bestande des
Oberholzes die Stämme zu sehr unter dem bekannten Ausdrehen der Aeste
durch Stürme leiden. Ihre Nutzbarkeit wird hierdurch völlig beeinträchtigt.

Aus diesem Grunde räumen sie, selbst auf kürzeren Strecken, wo sie
zur Einfassung von Landstraßen durch den Mittelwald dienen, ihren Platz fort
und fort der Schwarzpappel ein.

Andererseits müssen die hervorragend günstigen Eigenschaften für vielerlei
sehr gesuchtes Nutzholz die Aufmerksamkeit im hohen Grade auf die Akazie
lenken. Aeußerst genügsam in ihren Ansprüchen an den Boden, verbessern

sie denselben durch Schutz gegen die Sonne, sowie durch Laubabfall[1]), so daß bald reichliche Gräser oasenartig unter ihnen sprießen. Ihr sehr festes zähes Holz übertrifft an Dauer bei Weitem selbst das der Eiche und ist, bei Verwendung in der Erde, zu Eisenbahnschwellen, Säulen, Baum= und Weinpfählen fast unverwüstlich, zu Stellmacherholz, Möbeln mit feiner Politur, Mühlkämmen, Hammerstielen, Axthelmen, Faßdauben zu Orangerie= und Blumenkübeln, von keiner Holzart in Haltbarkeit erreicht.

Wenn aus diesen Gründen oft eine Art Schwärmerei für die Akazie entstand, so legte sich dieselbe doch bald wegen der großen Schwierigkeit der Erziehung gegenüber Frost, Verbiß durch Hasen und namentlich wegen der vernichtenden Verstümmelungen durch Stürme. Zum Schutze gegen alle diese Gefahren, namentlich auch gegen Sturmbeschädigungen, ist hier der bis jetzt völlig erfolgreiche Versuch gemacht, mit ihr in Kiefernstangenorten III. und IV. Bodenklasse Lücken, welche wegen Kaninchenbeschädigungen und Dürftigkeit des Bodens anderweit nicht mehr zu schließen waren, durch Heister und Lohdenpflanzung auszufüllen. Derartige vor acht Jahren mit dürftigen, von einer Sandgrube entnommenen Akazien=Anflugwildlingen ausgeführten Gruppenpflanzungen haben im Seitenschutz der Kiefernstangen eine Stärke von 9—10 cm in Brusthöhe und eine Länge von 10—12 m, bei schlankem, durch Pyramidenschnitt und Wegnahme von Zwieseln unterstütztem Wuchse erreicht. Ihre Zukunft erscheint völlig gesichert. Es wird daher diese Art der Lückenfüllung in Kiefernstangen, jetzt durch Kamppflanzen, fortgesetzt. Zum Schutze gegen Schälen dient Umbinden mit Dornen oder sonstigem Reisig und zwei verzinkten Drähten. Dies Verfahren ließe sich jedenfalls auch anderweit zur Lückenfüllung in Kiefernstangen mit dürftigem Boden und zur Erziehung des namentlich für solche Gegenden ganz unschätzbaren Akazien=Nutzholzes anwenden.

Lärchen.

Im Zwischenbau zwischen Eichen=Saatstreifen werden, nach dem Muster der Oberförsterei Schkeuditz, welche vorzügliche starke Lärchenstangen in gleichalten Eichensaaten des Ueberschwemmungsbodens aufzuweisen hat, auch hier Lärchen auf dem je zweiten Balken zwischen Eichensaaten angepflanzt, zur Miterziehung dieses sehr werthvollen Nadelholzes im sonst reinen Laubholzbestande.

Ausländische Holzarten.

Mit amerikanischen Holzarten und zwar 1. Carya alba, 2. Carya amara, 3. Carya tomentosa, 4. Juglans nigra, 5. Acer californicum

---

[1]) Pfeil, Deutsche Holzzucht. S. 538: „Die Akazie ist wesentlich bodenbessernd."

sind seit fünf Jahren ziemlich umfangreiche Anbauversuche im hiesigen Mittel=
walde gemacht, während in dem Hochwald die gedeihliche Pin. rigida einge=
führt ist.

Zur Sicherung guter Keimung werden die Samen sämmtlicher ameri=
kanischer Nüsse, wie Kartoffeln, in Gruben mit 0,35 m Erdbedeckung bis
zum Frühjahr überwintert, vor dem Bedecken aber recht stark mit Wasser
überbraust. Zur künstlichen Erhitzung kommt sofort eine hohe Lage Pferde=
dünger auf die Erdhügel. Keimung war rechtzeitig und sehr zufriedenstellend.
Bei der Wasserprobe schwimmende Nüsse liefen zum Theil noch gut auf.

1. Juglans nigra hat hier wohl eine gesicherte Zukunft vermöge
ihres hohen Keimprocents, äußerst kräftigen Wuchses und bisheriger Winter=
härte. Unmittelbare Bestandssaat mit 0,5 m Entfernung der Nüsse erscheint
empfehlenswerth; 4jährige Pflanzen haben auf sehr guten Stellen hier mehr=
fach Höhen von 2,5 m erreicht. Irgendwie stagnirende Nässe wirkte tödtlich,
daher kräftiger, mehr trockener oder nur frischer Boden angezeigt. Volles Licht
ist Bedürfniß. Unverschulte Heister aus Bestandssaat wuchsen sicher weiter.

2. Carya alba, „ächte Hickory"=Nuß, die edelste aller Cary'en, deren
Holz für Artillerie und elegantes Wagnerholz in sehr bedeutenden Werthen
jährlich importirt werden muß, verhält sich in allen Beziehungen fast ent=
gegengesetzt wie Juglans nigra. Sie gedeiht ungleich besser in Pflanzung
als Saat, fordert durchaus sehr frischen bis feuchten Boden, Seitenschatten,
daher am besten: Pflanzung unter ziemlich räumlichen Laßreisern und Ober=
ständern (außerhalb der Traufe), welche theilweis mit einwachsen, oder bei
etwaigem Druck leicht entfernt werden können. Ihr Wuchs ist sehr langsam,
doch fangen sie im vierten und fünften Jahre auf feuchtem Boden an, sich
etwas zu recken und scheinen auf solchem Standorte gesichert. Gegen Ver=
beißen durch Hasen schützt auch Bestreichen mit Abgängen billigsten Schweine=
oder Kammfettes.

3. Carya amara, „Bitternuß=Hickory", schnellwüchsig, ist an Frische
und Kraft des Bodens gebunden.

Die Frucht, für Menschen von abscheulichem Geschmack, ist in hohem
Grade der Zerstörung durch Eichhörnchen und Krähen, die junge Pflanze aber
besonders stark dem Mäusefraß ausgesetzt. Erfolg scheint, Bedeckung mit
Dornen, leidlich gesichert.

4. Carya tomentosa: weichhaarige Hickory, Bodenansprüche und
Wuchs wie Carya amara, aber weniger gefährdet.

5. Acer californicum: im Allgemeinen schnellwüchsig, desto mehr,
je besser der Boden; verträgt schwersten Auenboden vorzüglich, zeigte sich
aber auch auf kahlem Porphyr, 200 m hoch, völlig hart gegen langdauernden
Sonnenbrand. Auf geringem Boden nur mäßiger Wuchs. Herbstpflanzung
behagt ihm nicht und kümmert er dann leicht.

Unterholz.

Außer dem bereits erwähnten Unterholz von Ahorn, Eschen, Rüstern, Weißbuchen, Erlen, treten noch auf:

Die Hasel.

Sie fehlt mehr im schweren Auenboden, erscheint aber auf mittleren Klassen reichlich und mit üppigen Ausschlägen (Knüppelholzstärke bei zwanzig= jährigem Alter), welche in ihren geraden Schüssen gern gekaufte Reifstäbe, Harken= und Schippenstiele liefern. Der Rest wird zu Bierholzspähnen mit der Hand und in Fabriken geschnitten und findet zur Bierklärung eine außer= ordentlich rege Nachfrage. Derartiges Reisig erzielt ungeschnitten den Preis von 12 Mark pro rm.

Die Weiden

bestehen hier aus aquatica, fragilis und caprea, welche auf feuchten Stellen des Ueberschwemmungsbodens nicht selten vorkommen. Die Stock= ausschläge, namentlich anfangs recht schnellwüchsig, legen sich weit aus und verdämmen gern allen nachwüchsigen edleren Jungwuchs. Nach Vollendung des Unterholzumtriebes sind sie meist schon sehr anbrüchig, zuweilen kaum noch verwerthbar. Es wird deshalb zweckmäßig ein Läuterungshieb in der Mitte des Umtriebs eingelegt, welcher kleine Nutzhölzer an Spatenstielen 2c. liefert. Häufig bleibt nichts übrig, als die Weidenstöcke zu roden und durch Eschen, Eichen oder Erlen 2c. zu ersetzen.

Zu Knüppeldämmen eignen sich starke Weidenausschläge besonders gut. Auf die Spaltseite gelegt, treiben sie an den Seiten reichlich Ausschläge, welche zu baumartiger Höhe erwachsen, eine Art Allee bilden und durch Fort= belebung ihrer im Wege ruhenden Wurzeln, diesen eine bleibende Dauer gewähren.

In allerneuster Zeit lenken eifrige Nachfragen in den Holzzeitungen nach Salix caprea die Aufmerksamkeit auf diese Species.

Von den übrigen Unterholzarten sollen noch erwähnt werden:

Die Dornen,

von welchen Kreuzdorn sehr untergeordnet, Weiß= und Schwarzdorn aber, sämmtlich guten Boden liebend, ziemlich reichlich vorkommen. Schwarzdornen wurden vor der Zuckerkrisis zu Gradirwerken für die benachbarten Zucker= fabriken lebhaft gesucht.

Pulverholz (Rhamnus frangula) ist wenig werthvoll, eine sichere Charakterpflanze für schlechten Boden mit oberflächlichem oder saurem Humus; die hauptsächliche Nutzung bildet die Rinde für medicinische Zwecke und neben= bei auch das Holz zu Pulverkohlen.

Traubenkirsche: Prunus Padus siedelt sich gerade auf dem allerbesten, feuchten und humosen Auenboden an, verdient aber nicht ihren Wachsraum, denn ihre langen Triebe senken sich bald in sehr weitem Umkreise zu Boden, füllen denselben zwar scheinbar durch reiche Blattmenge aus, ohne daß irgendwie werthvolles Holz darauf stände. Sie bildet förmlich Lauben, ihre niederhängenden Aeste pflanzen sich durch Absenker immer weiter fort; die geringen Erträge an unbeliebtem Brennholzreisig werden durch die schlechten Reifstäbe kaum nennenswerth gesteigert. Letztere werden zu Schutzreifen über Spiritusgefäße verwendet, zum Schutze der Eisenreifen. Die Verdrängung der Traubenkirsche durch werthvolleres Unter- resp. Oberholz ist eine wirthschaftliche Aufgabe, zu deren Lösung Sommerhieb der Traubenkirschen das Mittel bietet.

Evonymus europaeus zeigt sich ziemlich vereinzelt auf besten Bodenstellen und wird zur Bereitung von Zahnstochern überaus gesucht und hoch bezahlt. Zur Begünstigung dieses Zweiges der Hausindustrie wird künstliche Einpflanzung nach Erziehung im Kampe betrieben.

Die Schlagführung.

Die einzelnen Schlaglinien sind örtlich abgetheilt; sie fallen möglichst mit den ausgebauten Jagen-Linien zusammen, worauf bei der Eintheilnng des Reviers bereits Rücksicht genommen ist.

Die Reihenfolge der Schläge läuft meist nach Norden oder Osten, zum Schutze der Ausschläge und Jungpflanzen gegen Frost und Auffrieren. Dieser Zweck wird bei der Schlagführung noch gefördert durch Belassung schmaler, bis 6 m breiter Randstreifen des Unterholzes, als Schutzmäntel, so lange bis die größte Frostgefahr für die jungen Ausschläge vorüber ist.

Wo die Schlagordnung nach Süden und Westen gerichtet ist, da wird, namentlich den jüngeren Oberholzklassen, ein Schutz gegen Gewitterstürme gewährt, welche die schwerbelaubten Kronen dauernd zur Erde beugen.

Die Schlaggröße ist proportional der Bodengüte, als dem einzigen sicheren Anhalte für nachhaltige Gleichmäßigkeit der Holzerträge. Denn der Einwurf (Pfeil), daß auf schlechtem Boden event. mehr eingeschlagen werden könne, als auf gutem, bedarf in Forsten, welche seit Langem unter geordneter Verwaltung stehen, kaum einer Widerlegung.

Der Hieb wird im Unterholze begonnen und zwar, wie dies allgemein üblich, nicht vor Laubabfall, welcher mit dem ersten, etwas schärferen Nachtfrost, etwa Mitte November, eintritt. Denn stark mit Laub behangene Unterholz-Wellen werden, als zu wenig Holzmasse enthaltend, erfahrungsmäßig von den Käufern verschmäht.

Die Holzhauer werden in Rotten à 8—10 Mann, nach eigener Wahl der Rottenführer abgetheilt. Dadurch gruppiren sich die fleißigeren und geschickteren Arbeiter gesondert von den langsameren, was Eifer, Arbeitsleistung und Verdienst fördert.

Bei zu großen Rotten, mit ungleichen Leistungen der Einzelnen, ver= schwindet dieser Sporn, die Arbeit wird verlangsamt; zu kleine Rotten dagegen bringen im Mittelwalde den Nachtheil unvorschriftsmäßiger Aufbereitung, namentlich zum Schlusse des Schlages, weil die Kabeln zu klein sind, um von jeder der zahlreichen Holzarten bis zum Ende des Hiebes durchaus reingehaltene Klaftern zu bilden.

Zunächst findet der sorgfältige Aushieb des zu Nutzholz oder zu beson= derer Verwerthung geeigneten Unterholzes statt, an Stangen von Eschen, Rüstern, Eichen und Ahorn, ferner von Harken= und Schippenstielen, Reif= stäben, Haseln=Bierspahnholz, Zahnstocherreisig (Evonymus) 2c., welche sonst, bei gleichzeitiger Aufbereitung mit dem Brennholze, leicht aus Bequemlichkeit in letzteres wandern würden. So aber steht den Forstbeamten jeden Augen= blick Leitung und Controle des guten Aushiebs der Unterholz=Nutzhölzer frei und wird erst nach Beendigung desselben der Brennholz=Einschlag im Unterholze freigegeben.

Dazu wird bei schwächerem Reisig die „Heppe" (Fig. 22) mit gekrümm= tem, ca. 95 cm langem Stiele, welcher das Abschneiden in aufrechter Stel= lung gestattet[1]), bei stärkeren Ausschlägen aber die Axt gebraucht. Mit beiden Werkzeugen wird der Hieb glatt, entsprechend tief und schräg, von unten nach oben geführt; mit dem Beile so (Fig. 23), daß nach der Fallrichtung B zunächst ein kleiner Vorhieb v (Kerb), dann der erste Axthieb bei A schräg von unten nach oben, der 2. von oben nach unten erfolgt. Dadurch wird der Spahn S abgelöst, mit den Hieben 3 und 4 dann weiter Spahn S^1 und so weiter S^2 2c.

Stärkere Ausschläge werden in gleicher Weise von 2 Seiten dachförmig gehauen, weil sonst das Rindenstück R für Wiederausschlag zu hoch, auch durch den dachförmigen Hieb mehr Holzmasse gewonnen wird. Bei etwaigem Absägen muß die Rinde am Sägeschnitt mit dem Schnitzmesser, zur Beför= derung der Ausschläge, nachgeschnitten werden.

Uebergehalten werden vom Unterholze: alle irgend brauchbaren Samen= lohden, desgleichen bei Mangel an solchen eine vor der Hand mehr als reichliche Anzahl guter Laßreiser, Ausschläge von jüngeren Stöcken, möglichst in Gruppen, von welchen der Oberförster den Ueberfluß stückweise, genau nach den örtlichen Verhältnissen jedes Platzes, ausmustert.[2])

---

[1]) Die Breite der Klinge 4 cm, Dicke 5 mm.

[2]) Die Mitbenutzung einiger guter Laßreiser aus Stockausschlägen, namentlich edler, recht nutzbarer Holzarten, ist gewiß nicht ausgeschlossen, man kann den schnellen Jugendwuchs der= selben einige Zeit ausnutzen, ohne jedoch darauf irgendwie wesentlich die Nachzucht gründen zu wollen, da Gesundheit und Zuwachs in verhältnißmäßig kurzer Zeit gegenüber den Kern= pflanzen leiden.

Ganz schwache Ausschläge mit mehr Werbungskosten als Ertrag, namentlich auf leichten Bodenstellen, denen der Freihieb weh thut, ebenso Bodenschutzholz in Stangengruppen von Eichen, Eschen 2c. werden beim Hiebe grundsätzlich geschont.

Der Oberholzhieb: erfolgt in mehreren Gängen, deren erster einer recht intensiven Durchforstung gleicht. Er nimmt alle kranken, verderblich unterdrückten, schlechtwüchsigen, sowie zu Nutzholz ungeeigneten Stämme weg, desgleichen solche, welche, einzelständig, einen zu großen Wachsraum einnehmen und daher nicht genügend rentiren, oder solche, die, wenn auch an sich gut-wüchsig, sich über einer Mehrzahl werthvoller Jungstämme ausbreiten und durch ihren Weggang mehr Vortheil als Nachtheil bringen.

Dabei werden die zum Hiebe bestimmten Stämme sämmtlich nach ein und derselben Himmelsgegend mit einem deutlichen Schalme und Hammer-zeichen versehen,[1] so daß der Revierverwalter, in der Auszeichnung fort-schreitend, stets das ganze Bild derselben vor Augen hat. Zweifelhafte Stämme werden vorläufig mit einem eingehauenen Kreuze bezeichnet.

Zur steten Uebersicht über die bereits zum Einschlage bestimmte Masse wird mit der Auszeichnung zweckmäßig gleichzeitige Führung eines Klupp-registers, durch einen Gehilfen, verbunden, in welches, möglichst auf nur einer Seite, folgende Aufzeichnungen örtlich aufgenommen werden:

Block………, Schlag…………, Abtheilung…………,					
Durchmesser bei 1,3 m Höhe					
12/16	17/20	21/24	25/28	29/31	2c. . . . . .
					1. **Eichen** a) dominirende
					. . . . .
					b) Druckstämme
					c) + (vorläufig zweifelhafte)
					2. **Eschen** a) dominirende
					b) Druckstämme
					c) + (vorläufig zweifelhafte)
					3. **Rüstern** (wie oben, 3 Klassen)
					4. **Weißbuchen und Ahorn** (wie oben, 3 Klassen)
					5. **Erlen, Aspen** (wie oben, 3 Klassen)
					6. **Birken** (wie oben, 3 Klassen)

Je nach Wuchsverhältnissen können die 5 Hauptklassen mehr getrennt oder zusammengelegt werden.

Beim Kluppen finden, soweit die Baumhöhen des betreffenden Schlages

---

[1] Anderwärts, wo in den Betriebsplänen nicht die einzuschlagende, sondern die über-zuhaltende Masse des Oberholzes berechnet ist, werden die überzuhaltenden Stämme kennbar bezeichnet. In diesem Sinne empfahl z. B. Professor Vonhausen (Allg. Forst- und Jagdzeitung Novbr. 1882) dazu einen „dauerhaften Anstrich von Kalkmischung, anstatt des bisher üblichen Umbindens mit Stroh oder Holzwieten."

nicht bereits genau bekannt sind, sofort gleichzeitig Höhenermittelungen mit dem Höhenmesser von Weise oder Faustmann statt. Recht brauchbar zur Höhenmessung erweist sich die im Walde selbst stets leicht zu erlangende gewöhnliche Baumkluppe (Fig. 24):

Der bewegliche Schenkel AB, an welchem ein ganz primitives Loth (Stein, Messer) angebunden ist, wird so gestellt, daß AB senkrecht und daher das Blattstück a C wagerecht und aB = AB ist. Man sucht einen Standpunkt so, daß a A E (bei a ist das Auge des Beobachters) in gerader Linie. Dann ist: aB = AB, folglich aD = DE, wegen Aehnlichkeit der △△.

Wird zu DE noch DF addirt, so hat man die Baumhöhe.

Da die zur Bildung der Proportion gezogenen Stücke der Kluppe weit größer als in den genannten Höhenmessern sind, so wird die Rechnung sehr genau, namentlich wenn bei a, an dem Blatte der Kluppe, ein Visirröhrchen aus Blech unter 45° angebracht ist. Bei genauer Eintheilung von 45° könnte AB entbehrt werden.

Das nothwendige Aufsuchen des bestimmten Standpunktes gestaltet diese Höhenmessung im Großen etwas zeitraubender, doch bietet die Kluppe, ohne weiteres Erforderniß, auch jedem Förster ein Hilfsmittel für vorkommende, oft wünschenswerthe Höhenmessungen.

Bei der großen Wichtigkeit sehr genauer Meßkluppen sei es gestattet, eine unter den bekannten Arten bei Weitem am zuverlässigsten arbeitende in Nachstehendem zu beschreiben (Fig. 25).

Die hölzernen Arme AB, CD sind 25 mm dick; bei B und D 37 mm breit, bei e und f 28 mm breit. AB = CD = 62 cm. Das geeichte Blatt GH = 115 cm lang. Das Wesentliche bildet das Ansatz=Dreieck ikl, dessen Schenkel gleichfalls 25 mm dick sind. ik ist mit einem Loche versehen, so daß GH durchlaufen kann. Dabei ist il = 13 cm, lk = 10 cm. Die Breite der Dreiecksseiten = lm = in = 25 mm. Das Blatt kann evtl. oben und unten einen Messingbeschlag erhalten. Bestreichen des hölzernen Blattes mit Seife macht dasselbe gleichfalls sehr gängig. Ein Haken bei f, in die Oese bei e passend, dient zum Zusammenhaken, behufs Verhinderung des Werfens in der Ruhe, beim Aufhängen. Preis bei hiesigem Fabrikanten: ohne Messingbeschlag ca. 6 Mk., mit solchem ca. 9 Mk.

Die sogen. Heyer'schen Kluppen, welche in Württemberg zwar sehr elegant gearbeitet werden, haben sich hier stets recht unsicher erwiesen. Der bewegliche Schenkel CD hat, seiner Construction nach, einen weiten Spielraum und wackelt aus der senkrechten Stellung gegen das Blatt weit nach rechts und links. Diese nothwendige senkrechte feste Stellung soll durch eine eiserne Zunge und eine Schraube gegeben werden, die aber ihrem Zwecke nur ganz unvollkommen entsprechen. Es ist eben ein complicirtes Schrauben= werk, ohne jegliche Sicherheit, aber sehr elegant von Aussehen.

Nach Berechnung aus dem Kluppregister wie viel der erste Gang an Holzmasse gebracht hat, folgen der zweite und weitere Gänge, welche, inter pares, immer wieder die weniger guten Stämme entfernen. Sobald so nur eine Elite von Nutzholzstämmen belassen, wendet sich die Auszeichnung auf die älteste, hiebsreife Altersklasse.[1])

Das wirthschaftliche Programm im Mittelwalde lautet: „Löcherhieb und Gruppenpflanzung", indem bei der Schlagstellung, an geeigneten Orten, kleine freie Stellen (Löcher) gehauen werden. Dadurch ist sowohl dem stehenbleibenden Bestande, als dem nachgezogenen ein mehr hochwaldartiger Charakter gegeben, durch welchen auch die Vortheile des Hochwaldes: Massen=erzeugung und Langschäftigkeit, Schatten= und Druckvermeidung, wegen an=nähernd gleicher Höhe, einigermaßen erzielt werden. Lichtpflanzen finden auf solchen schattenlosen Stellen überhaupt erst die Bedingungen ihres Gedeihens.

Wenn H. Cotta und Andere für das Oberholz des Mittelwaldes die regelmäßige Vertheilung der Stämme forderten, so ist dies dadurch erklärlich, daß sie in Mittelwäldern mit Schattenhölzern, hauptsächlich der Rothbuche, wirthschafteten. Bei solchen gedeihet auch die Einzelpflanze auf kleinem Wachsraum, im Halbschatten der Nachbarstämme. Wer aber Lichthölzer, namentlich die Eiche, im Flußthalboden nachzuziehen hat, der wird diese Auf=gabe nur zu lösen vermögen, wenn er größere lichte Stellen ihr anzuweisen vermag.

Herr Oberlandforstmeister Donner („Die forstlichen Verhältnisse Preußens" pag. 150) giebt diesem Verfahren in Folgendem allgemeinere Geltung: „Bei dem Mittelwalde hat man die frühere Regel gleichmäßiger Vertheilung des Oberholzes ganz aufgegeben, und ist zur horstweisen Erziehung möglichst vielen Nutzholzes, auf etwa vorkommenden ungünstigen Bodenstellen aber zur Erziehung reinen Schlagholzes, oder unter Umständen zum Anbau von Nadel=holz übergegangen".

O. F. M. Kraft (Allgemeine Forst= und Jagdzeitung, Juli 1878, S. 222): „Das Ideal der Stellung des Oberholzes ist die Gruppe; den mannigfachen Vorzügen der Gruppe im Allgemeinen gesellen sich in ihrer Anwendung auf den Mittelwald noch besondere hinzu. Manche Forstwirthe erblicken in einem einzelständigen Durcheinander der verschiedenen Altersklassen des Oberholzes den idealen Typus des Mittelwaldes, jedoch sehr mit Unrecht. Der Haupt=nachtheil dieser Form besteht in der ungünstigen Stammform, in der erheb=lichen Wuchshemmung, welche dabei jüngere Stämme durch ihre Nachbarn erleiden, also in der Verminderung des Gesammteffektes und endlich in der Schwierigkeit der Nachzucht des Oberholzes. Alle diese Mängel werden durch die Gruppenstellung vermindert."

---

[1]) O. F. M. Kraft, a. a. O.: „Die Schlagauszeichnung im Mittelwalde erfordert die ganze Umsicht des erfahrenen Wirthschafters."

Fm. Knorr („Mittelwald= und Plänterwaldformen", Forstliche Blätter 1874 Heft 3 Seite 91) führt, bei Gelegenheit der Versammlung des deutschen Forst= vereins zu Mühlhausen und bei Besprechung des Mittelwaldes daselbst, an, es sei nur dem völligen Aufgeben früherer gleicher Vertheilung und regel= mäßiger Stellung des Oberholzes allein zuzuschreiben, daß sich, wenn auch spärlich, doch noch einige Eichennachzucht in Mühlhausen finde und es werde der werthverkümmernde Einfluß des früheren Princips sich noch über ein Jahrhundert hinaus erkennen lassen.

Und dabei besteht der Mühlhäuser Mittelwald zu 75 % aus Rothbuchen= oberholz (cf. Knorr ebendaselbst) welches die gleichmäßige Vertheilung und den darauf überall verbreiteten Schatten wohl am leichtesten ertragen könnte.

Herr Ettmüller, Verwalter des Königlich Sächsischen Auen=Mittelwald= reviers Ehrenberg bei Leipzig, erklärt in einem interessanten Artikel über „Hoch= oder Mittelwald auf Auenboden" (Tharander forstl. Jahrb. Bd. 33 S. 104—116): „Durch die jetzt mehr und mehr sich einbürgernde Schlag= führung: Löcherhieb mit nachfolgender horstweiser Verjüngung, ist die Be= seitigung fast aller früherer Nachtheile der Mittelwaldwirthschaft ermöglicht, ohne ihre Vortheile aufzuheben."

So herrscht unter den praktischen Wirthschaftern im Walde wohl kaum noch ein Zweifel, wohl aber völlige Uebereinstimmung über die Vorzüglichkeit der Löcherhiebe im Mittelwalde.

Wird ein Einzelheister von Eichen, Eschen, Ahorn oder dergleichen Licht= pflanzen auf kleine Schlaglücken, wie sie etwa aus der Wegnahme eines alten Oberbaumes entstehen, eingesetzt, so muß ihm, vorausgesetzt, daß er sich dann noch erhalten hat, spätestens beim nächsten Hiebe, Licht, wenn auch haupt= sächlich von der Süd= und Westseite, geschafft werden, ganz gleichgiltig, ob dort Oberholz im besten Wuchse steht, oder nicht, oder — der Heister ver= kommt. Bei der Schlagauszeichnung muß aber das Augenmerk des Wirthschaf= ters zunächst und mehr auf die Wegnahme hiebsreifen Holzes gerichtet sein.

Der Wirthschafter kommt in einen peinlichen Zweifel, wenn er an vielen Stellen vor der Wahl steht, entweder wuchshafte Mittel= oder schwache Hölzer schon herauszuhauen und somit aus dem ganzen Ideengange der Betriebsregelung heraustreten zu müssen, oder die zerstreuten zahlreichen Einzelpflanzen dem Ersticken Preis zu geben.

Dadurch muß dann doch schließlich der anfangs vermiedene „Löcher= hieb" nachträglich und in einem schädlichen Zeitpunkte mit Opfern eingelegt werden.

Ein eigenthümliches Verfahren (nach Heyer) ist hier in früherer Zeit ganz vorübergehend in der Weise zur Ausführung gebracht, daß die Eichen= Heister nicht nur in Einzelpflanzung, sondern in regelmäßiger Vertheilung, in geraden Reihen und ganz bestimmten Abständen von einander eingesetzt wurden, ohne Rücksicht auf beschattendes Oberholz. Wären die jungen Stämme nicht bald eingegangen, die nächste Schlagführung hätte ihr ganzes Ziel verlassen und den Oberholzhieb lediglich zum Läuterungshiebe der Heister-Kümmerer herabsetzen müssen.

Wenn durch irgend welche Umstände der Schlag nicht vollständig geführt werden konnte, so ist bestimmungsmäßig ein Nachhieb, jedoch nur im folgenden Jahre zulässig, weil später das Unterholz zu sehr leiden würde.

Die Bestandsverjüngung[1])

wird von Natur für Schatten- und Halbschattenhölzer[2]), namentlich Weißbuche, auch Esche und Ahorn, durch Samenpflanzen und bei der Rüster durch Wurzelbrut ziemlich reichlich unterstützt, besonders seit dem Aufhören der Sichelgräsereien in den Schlägen, welche den größten Theil des Anflugs wieder zerstörte. Lichtpflanzen dagegen, namentlich Eiche und Birke, erliegen meist dem üppigen Graswuchse und raschwüchsigen Unterholze, so daß nur ausnahmsweise, an lichten hohen und trockneren Rändern, einzeln die eine oder andere von Natur sich findet.

Durch Beseitigung der Sichelgräserei hat der frühere hiesige Revierverwalter, jetzige Oberforstmeister Herr Dr. Borggreve zu Münden, sich ein dankenswerthes Verdienst um das hiesige Revier erworben, nachdem auch schon der Vorgänger gleiche Anträge gestellt hatte.

Der künstliche Anbau wird zum größten Theile durch recht gedeihliche Heisterpflanzung[3]), zum geringeren aber, hauptsächlich da, wo es sich um

---

[1]) „Keine Waldbehandlung erfordert eine solche Kulturthätigkeit wie die Mittelwaldwirthschaft, wenn sie nicht zu einer Bankerutwirthschaft, herabsinken soll." (Versammlung Bad. Fv. 1882. Saalborn Jahresberichte 1883).

[2]) Referent würde nach seinen Beobachtungen folgende Ordnung, sowohl in Bezug auf Schattengebung als Schattenertragung, welche verwandt sind, annehmen.

1. Schattenbäume: Weißtanne, Linde, Buche, Hainbuche, Fichte.
2. Halbschattenbäume: Rüster, Erle, Esche.
3. Lichtbäume: Kiefer, Eiche, Pappel, Birke, Lärche.

II. für Unterholz: Roth- und Weißbuche, Traubenkirsche, Hasel, Ahorn, Esche, Rüster, Schwarz- und Weißerle, Linde, Eiche, Birke, Pappel, Weide.

[3]) O. F. M. Kraft (Allgem. Forst- und Jagdzeitung Juli 1878. S. 223) sagt: „Im Ganzen ist die Anzucht durch Heisterpflanzung die leichteste, sicherste und, wenn man den Vorsprung an Altersjahren in Betracht zieht, sogar die billigste Methode." Dagegen führt O. F. M. Tramnitz in: „Die Oder und die Waldungen ihres Stromgebiets in Schlesien." Schls. Jahrb. 1884 an: Die Nachzucht des Oberbaumes sei seit jeher einer großen Unsicherheit ausgesetzt gewesen. Es habe seit mehreren Umtrieben keineswegs an Versuchen, Mühe und Kosten gefehlt, um Oberholz zu erziehen. Es seien unaufhörlich Eicheln auf 10—15 qm großen, rajolten Plätzen untergestuft, Lohden und Heister gepflanzt, aber der Erfolg sei gegen die geringsten Erwartungen zurückgeblieben; insbesondere haben die Heisterpflanzungen fast ohne Ausnahme sich als verfehlt erwiesen." Im hiesigen Mulde-Reviere kann derartige Klage nicht geführt werden. Vielleicht, daß jene Plätze zu klein waren und von benachbartem Ober- und Unterholze zu sehr bedrängt wurden, auch die Saaten, wenn sie nicht durch Zäune geschützt waren, dem Wildverbiß erlagen.

Bestockung etwas größerer Plätze in frostfreien Lagen handelt, durch Saat von Eicheln und amerikanischen Nüssen (s. oben) ausgeführt, welche letztere dem hiesigen Revier, als forstlicher Versuchsstation, von der Hauptstation Eberswalde zugehen. Eichenlohden mit unverkürzter Wurzel haben sich sehr bewährt.

In anderen, darin glücklicher situirten Revieren, wie Kottwitz, Schkeuditz 2c. ist die Anlage von Eichen=Saatplätzen, durch Gestattung des Zwischenbaues von Feldfrüchten, nicht nur ohne Kosten, sondern auch mit einem jährlichen Gelderlös, z. B. in Kottwitz von 10 Mk. pro ha[1]) ermöglicht. Hier aber, wo die arbeitende Bevölkerung der Umgegend, mit wenigen Ausnahmen, längst von der Ceres sich abgewandt und nur dem lärmenden Vulcan nachfolgt, wird selbst die unentgeltliche Mitbenutzung solcher Flächen verschmäht. Die Ausführung ist überhaupt wegen Arbeitermangels recht schwierig und der Kulturfonds voll belastet.

Vergleichende Versuche sind ausgeführt:

1. Mit Eichenstreifensaaten, 1,8 m Balkenweite, 0,5 m breit, 0,33 m tief, in Verbindung mit Anbau von Hackfrüchten auf den Balken, bis zum Schluß der Eichenstreifen (3 Jahre).

2. Dergleichen Eichensaaten ohne Fruchtbau, nur mit Ausschnitt des hohen Grases, unmittelbar neben den Streifen, im 1. und 2. Jahre, zur Verhinderung des Ueberlagerns über die jungen Eichen und der Mäuse= ansammlung im Grasfilze.

3. Mit Pflanzung zweijähriger Eichen, bei unverkürzter Pfahlwurzel, auf gegrabenen Plätzen, in 1 m Quadrat=Verband.

Vorzüglich hat sich das Verfahren ad 1 bewährt, ebenso dasjenige ad 3[2]), unbedeutend weniger Nr. 2, soweit überhaupt trockener aber kräftiger Boden in Frage kam. In naßkalten Lagen litten alle 3 Versuche ziemlich stark vom Froste, so lange bis das Unterholz, höher und dichter geworden, einen sicht= bar wohlthätigen Schutz ausübte. Auf nassen Frostlagen erscheinen daher derartige Saat= und Kleinpflanzungs=Kulturen, wenn überhaupt, erst dann rathsam, wenn die Unterholzausschläge bereits etwa 1,5 m Höhe erreicht und der Jungwuchs in ihrem Seitenschutze angesiedelt werden kann.

---

[1]) Cf. von Ulrici. „Die Nachzucht des Oberbaumes in den Niederungsrevieren der Oberförsterei Kottwitz." Jahrb. d. schles. Forstvereins v. 1880 pag. 197.

[2]) Es haben sich schon früher und neuerdings Pflanzungen von 2 jährigen Eichen, sowie von Eichenlohden mit unverkürzter Pfahlwurzel auf nicht allzu graswüchsigen, noch vom Unterholze zu bald überwachsenen größeren Flächen von mindestens einigen Ar, so vorzüglich im Mittelwalde bewährt, daß die wichtige Frage praktisch im Walde zu prüfen wäre, 1. ob für derartige Flächen die theuren Pflanzkämpe für Eichen überhaupt nöthig, oder auch nur wünschenswerth sind, 2. wie sich auf kleineren Hiebslöchern, mit nachbarlichem, üppigem Unterholze derartige Eichenheister mit unverkürzter Pfahlwurzel gestalten.

Für die Holzarten ohne Pfahlwurzel: Esche, Ahorn, Weißbuche, Schwarzerle ist Ver= schulung durchaus wünschenswerth.

Starkheifter, welche die Froftregion bereits überragen, oder ihr bald ent=
wachfen, find hier befonders angezeigt und, ftets faft ohne Abgang, gediehen.
Wenn ein oftpreußifcher Oberförfter fich nur Heifter lobt „die Grenadieren
gleichen", fo zeigt diefer Wunfch zunächft wohl, daß auch diefer ftarken
nordifchen Recken ein harter Kampf mit fcharfem Frofte wartet.

So verlockend nun bei der Einbringung die Einzelpflanzung erfcheinen
möchte, weil man mit verhältnißmäßig wenigen Pflanzen große Flächen be=
fetzen kann, fo hat es fich doch im Auenwalde mit feinen Lichthölzern als
vortheilhaft herausgeftellt, die Auspflanzung der Schläge in Gruppen aus=
zuführen. Wenn diefe auch etwas mehr Pflanzen beanfpruchen als die Einzel=
pflanzung, fo erfcheinen doch andererfeits, bei genauer Beobachtung des Wuchs=
ganges im Walde, ihre Vortheile fehr überwiegend.

Bei einer Pflanzweite von 3 m muß zwar das Unterholz das erfte
Treiben der Heifter zum Höhenwuchs übernehmen, doch fchützen fie fich auch
einander fchon etwas gegen das Ueberwachfenwerden durch daffelbe. Bei einer
Höhe von 4—5 m pflegt aber der Kronenfchluß in den Gruppen fchon er=
reicht zu fein. Die Zweige benachbarter Stämme berühren fich dann fchon,
greifen auch bereits in einander über, die Verbreitung nach den Seiten ift
beendet und nachbarlich treiben fie einander in die Höhe. Die Einzelpflanze
dagegen, fobald fie vom Unterholze nicht mehr gefchoben wird, bleibt ganz
ihrer natürlichen Neigung zur Aftverbreitung überlaffen und wird, bei end=
lichem Abfchluffe ihres Höhenwuchfes, nicht die gleiche Langfchäftigkeit, wie
die in annähernd hochwaldartigem Schluffe erwachfenen Gruppen aufzuweifen
haben. Dadurch wird aber der Hauptzweck, die möglichft gute Nutzholz=
erziehung, beeinträchtigt. Bei der Einzelpflanzung bleiben auch fo viele
Beftandslücken im Oberholz, als Stamm=Individuen eingehen, während bei
Gruppenpflanzung ftets eine Referve vorhanden und der Schluß gefichert ift.

Auf geräumige Pflanzlöcher 0,6 m □ weit, 0,5 m tief, welche, wie die
allermeiften Erdarbeiten, im Accord (à Hundert = 2 Tagelöhne) ge=
fertigt werden, fowie auf Vermeidung zu tiefen Einfetzens und namentlich auf
fchatten= und traufenfreien Stand der Heifter wird die möglichfte Sorgfalt
gerichtet.

Pflanzheifter werden gegen das Fegen der Rehböcke entweder durch
kreuzweis geftecke Stöcke, oder durch Anftrich einer Mifchung von Kalk,
Cement, Kuhdünger, Schwefel, Pferdeblut oder Schweinejauche auf 0,6 bis
0,7 m (Fegehöhe), oder dauerhafter durch Umfchlag von Dornen oder be=
liebigem Reifig (gleichfalls nur auf Fegehöhe) gefchützt, wobei ganz dünner
verzinkter Draht zur Befeftigung oben und unten dient. Leider fällt felbft
dies Schutzholz von Pflanzheiftern der hiefigen Bevölkerung vielfach zum
Opfer. Neuerdings wird auch das Umbinden mit einem fchmalen Streifen Wachs=
oder Pergament=Papiers (Oberförfterei Schkeuditz) als wirkfam empfohlen.

Die Beachtung folgender Gesichtspunkte bei Ausführung der Kulturen hat sich hier als zweckmäßig erwiesen:

Die Auswahl der Pflanzpunkte für die Gruppen in den Löcherhieben darf nicht den Waldarbeitern, sondern nur dem Förster oder einem ganz besonders eingeübten ständigen Holzhauermeister überlassen werden. Die Bezeichnung erfolgt durch eingesteckte, ca. 0,8 m lange Stöckchen aus Aspen-Wurzelbrut, welche oben einen kleinen weißen Schalm erhalten und nach gemachtem Gebrauche wieder hundertweise zusammengebunden und beim Förster für künftige Jahre aufbewahrt werden. Durch die Zahl dieser verwendeten Stäbchen, ebenso wie durch die Zahl der ausgehobenen, läßt sich auch diejenige der eingesetzten Heister feststellen.

Als dritte Controle dient das Besprengen jedes gezählten Pflanzloches mit Kalkwasser, wodurch diese Pflanzlöcher schon von Weitem als abgenommen erkennbar werden.

Bei der Wahl der Pflanzpunkte bleibe man sowohl von der Baumtraufe, als von besonders üppig wachsenden Unterhölzern, namentlich Erlen, gebührend ab.

Stellt A. (Fig. 26) einen auszupflanzenden, traufenfreien Platz (Hiebsloch) dar, so wird zunächst die Längenachse ab in bestimmtem Verbande von meist 3,5 m mit Stäbchen besteckt und auf dieser Abscisse, rechts und links, die Ordinaten über den ganzen traufenfreien Platz in gleichem Verbande ausgesteckt. Hierdurch kommt Ordnung und System in die Pflanzung, auch Sicherung vollständiger Ausnutzung jedes Platzes und die Möglichkeit für den Revierverwalter, schon vor der Ausführung den ganzen Plan der Auspflanzung zu übersehen und beliebig zu verbessern. Die geringen Kosten für das Ausstecken (wenige Tagelöhne) verschwinden, in Anbetracht der Ausführung zumeist durch das Forstpersonal und der Zeitersparniß in Folge der Arbeitstheilung, da die Pflanzer sich nicht immer erst auf jedem Platze lange umzusehen brauchen, wo ein Pflanzloch zweckmäßig anzubringen wäre.

b) Starke Heister haben im Allgemeinen einen sichereren Erfolg als schwache, welche leicht vom Unterholze überholt werden, auch mehr unter dem Seitenschatten des Oberholzes und von rankenden Unkräutern (Hopfen, Winden) leiden und weder dem Wilde noch der Frostgefahr schnell genug entwachsen.

c) Eine zu enge Pflanzung ist ebenso nachtheilig, als eine zu weite, denn erstere verschwendet unnütz vieles, mit erheblichem Aufwand an Zeit, Geld und meist schwer zu erlangender Arbeitskraft zu erziehendes Material. Schon innerhalb des ersten Unterholzumtriebes, kurz nach der Pflanzung, bei 15—20 Jahren, entspinnt sich ein schädlicher Kampf und ein Drängen der Heister, die dann entweder sämmtlich schlaff emporwachsen, oder von denen, günstigen Falles, nur wenige dominirend werden und die Nachbarn schon unterdrücken. Kommt der Hieb wieder in solche Schläge, so muß ein ganz beträchtlicher Theil der jungen, erst in voriger Kultur gepflanzten, theuren Heister[1]) als unbrauchbar und für die Holznutzung nahezu werthlos wieder entfernt werden und die Bodenrente ist gleichfalls verloren. Der Rest kann sich vor den durch den lichten Mittelwald mit fast ebenso ungehinderter Kraft wie im Freien stürmenden Winden kaum aufrecht erhalten, wenn nicht mit schützenden Baumpfählen zu Hülfe geeilt wird. Jeder heftigere Sturm beugt viele solcher schlanker, astloser, nur oben mit starkem Blätterschopf versehener Laßreiser nieder und nur durch schleuniges Aufrichten und Anbinden, oder nöthigenfalls durch Köpfen im Biegungspunkte, können sie (letzterenfalls allerdings fast um die Hälfte gekürzt), überhaupt noch gerettet werden (s. Seite 2).

d) Ein Verband der Heister mit weniger als 2,5 m Entfernung in den Gruppen erscheint nachtheilig. Wenn man jeden Pflanzpunkt mit besonderer Vorsicht aussucht, nur gutes, stufiges und kräftiges Pflanzmaterial auswählt und die Bodenbearbeitung so sorgfältig, tief und geräumig giebt[2]), daß jeder Heister, soweit menschliche Voraussicht reicht, gedeihen muß, so genügt auf mittlerem Boden ein 3 m □, auf gutem Boden ein Verband von 3,5 m □ in den Gruppen, um reichliches, kräftiges und stammhaftes Oberholz im richtigen Abstande zu erziehen. Dadurch werden die schon an und für sich hohen Kulturkosten im Mittelwalde gemindert und nothwendig werdende künftige Lichtung wird dann bereits gut nutzbares Material liefern. Hier hat sich eine Einpflanzung von ca. 150—180 Heistern pro ha nach jeder Schlagführung gut bewährt, wobei etwa $^1/_6$ der Schlagfläche zur Kultur gelangt. Abgänge an Heistern sind selten. Burkhardt (Säen und Pflanzen. IV. S. 76) empfiehlt gleichfalls eine Pflanzenweite von 3,5 und 3 m □.

e) Innerhalb kleinerer Gruppen wird eine Mischung von Heistern verschiedener Holzarten zweckmäßig vermieden, weil nach kurzer Zeit ungleiches Wachsthum, Vorwüchsigkeit und Verdämmung der einen gegen die andere eintritt. Meist wird die Eiche bald in vernichtender Weise überwachsen und man bedauert stets bei solchem Anblick die geschehene Mischung und die entstehenden Lücken (cf. Ettmüller: Tharander forstl. Jahrb. Band 33, welcher auch eine Mischung von Eschen und Eichen als in ihrer weiteren Entwickelung gänzlich mißlungen beschreibt).[3]) Das sonst empfehlenswerthe Auskunftsmittel,

---

[1]) Ein Heister kostet (bei einem Tagelohnsatze von 1,5 M.) für Erziehung im Kampe und Pflanzung zusammen = 0,25 — 0,30 M. und zwar: Erziehung = 0,15 — 0,20 M., Ausheben und Beschneiden 0,04—0,05 M., Transport und Pflanzung durch Frauen 0,06 M.

[2]) 0,6 m □ und 0,5 m tief.

[3]) Forstrath L. Heiß erklärt in einem gewiß die volle Zustimmung aller im Walde wirthschaftenden Forstleute findenden Artikel: „Gegen das Ueberwachsen der einen oder der anderen Mischholzart durch eine dritte, hilft auch die sorgfältigste Auswahl der zu mischenden Holzarten durchaus Nichts, denn nur in den seltensten Fällen haben 2 oder gar mehrere

die unterbrückte Holzart auf die Wurzel zu setzen, zur Erziehung von Unter- oder Bodenschutzholz, versagt bei der Eiche in der Regel gänzlich, da dann die dominirenden Schattenhölzer die im schweren Boden an sich geringen Ausschläge der Eiche unterbrücken. Auch erfordert, selbst bei Mischung von Eschen, Weißbuchen, Ahorn 2c., der rechtzeitige Freihieb eine so große Aufmerksamkeit, wie sie in ausgedehnten Revieren für die einzelnen zerstreuten kleinen Gruppen kaum zu ermöglichen ist.

Für größere Gruppen kann der Pflanzraum so getheilt werden, daß nach der Sonnenseite zu die lichtbedürftigen Eichenheister, und dahinter erst Eschen, Ahorn, Weißbuchen 2c. zu stehen kommen.

f) Am zweckmäßigsten werden die Heister so sortirt, daß auf jede Gruppe nur annähernd gleichhohe Pflanzen zu stehen kommen, welche sich vermuthlich unter einander, ohne baldigen Kampf oder Verdämmung, vertragen. Müssen Heister von ungleicher Höhe und verschiedener Holzart auf dieselbe, alsdann größere Gruppe, gebracht werden, so herrschen über die vorzunehmende Ordnung abweichende Ansichten. Nach der einen soll dem größten und vorzüglichsten Heister der vortheilhafteste Mittelplatz der Gruppe eingeräumt werden, wo er den Himmel frei über sich hat und Licht, Luft und Niederschläge am meisten genießen kann. Nach der Ansicht des Verfassers soll aber etagenweise gepflanzt werden: nach der Sonne (Süden) zu die niedrigeren und lichtbedürftigeren, und hinter ihnen, der Größe nach folgend, die höheren, sowie zuletzt auch die am meisten schattenertragenden Holzarten, ähnlich, wie in einem Gewächshause die Pflanzen etagenweise aufgestellt werden und so sämmtlich des Lichtes genießen. Einer gegenseitigen Verdämmung wird so am sichersten vorgebeugt und allen die Bedingungen zu gedeihlicher Entwicklung gewährt. Im ersteren Falle würde der oder die doppelt günstig gestellte Central-Heister bald in der Gruppe allein herrschen, die anderen aber vergeblich gepflanzt sein, oder allenfalls Unterholz liefern.

g) Im Mittelwald leidet im Winter bei Schnee und strenger Kälte das Wild, namentlich Rehwild, aber auch Rothwild, im äußersten Grade; es fehlt das Haidekraut, die willkommene Aesung in den Nadelholzbeständen. Das hartgewordene dürre Gras wird nicht angenommen, Kälte, Wind und Schnee wirken in den laublosen und lichten Mittelwaldbeständen so heftig, wie auf freiem Felde, und schutzlos gehen hohe Procentsätze des Wildbestandes vor Kälte und Hunger ein.[1]) Erfahrungsmäßig trifft dies namentlich die Böcke, sowohl

---

Holzarten in allen Altersperioden, auf einem concreten Standorte, gleiche Wuchsverhältnisse." (v. Baur, Forstw. Centralbl. 1882, Heft 2).

[1]) Daraus erklärt sich auch die in allen Auen-Mittelwäldern, trotz so guter Sommeräsung, auffallend geringe Stärke der Gehörne, da es gerade in der Ausbildung-Zeit (Kolben) den Trägern durch Schnee, Kälte und Hunger, Mangels Haidekrauts, überaus traurig ergeht.

die älteren, als besonders die jüngeren, deren weiche, in der Bildung be=
griffenen Kolbengehörne anfrieren, wodurch dann das Gehirn in Mitleidenschaft
gezogen wird. Aus Mitleid sollte man daher hin und wieder auf höheren,
der Ueberschwemmung nicht ausgesetzten Stellen der Mittelwaldschläge Flächen
von etwa 0,5 bis 1,0 ha mit Fichten, Douglastannen oder Kiefernballen
auspflanzen, wodurch ein wohlthätiger Schutz und, bei der Seltenheit des
Nadelholzes im Mittelwalde, meist auch ein hoher Geldertrag erzielt würde.
Freilich werden leichte Umzäunungen nöthig, weil das Wild unkundig der
wohlgemeinten Absicht und höchst begehrlich nach neueingeführtem Nadelholz
ist. Die „forstlichen Verhältnisse Preußens" 1883 S. 150 erwähnen gleich=
falls der Einführung von Nadelholzgruppen in den Mittelwald.

Die Erziehung der Eichenheister in Kämpen geschieht in ähnlicher
Weise wie O. F. M. von Varendorff solche beschrieben hat [1]) und wie sie
auch in den Auen=Mittelwäldern wohl meist gehandhabt wird. Das Ueber=
wintern der Eicheln erfolgt entweder im Freien unter Laubdecke, wobei
allerdings Fasanen und Holzschreier ihren Tribut entnehmen, oder in von
Alemann'schen Hütten. Im letzteren Falle werden hier die Eicheln, zur Ver=
meidung zu scharfen Austrocknens, zuweilen, namentlich gegen das Frühjahr
hin, kräftig mit Wasser bebraust und wieder gut durchgeschaufelt, als Ersatz
für die wohlthätigen Niederschläge, welche den in natürlicher Ueberwinterung,
unter der Krone und dem Laube des Mutterbaumes, lagernden Eicheln fort=
gesetzt zu Gute kommen. Saftige Frische, ohne vorzeitiges Keimen, sehr
reichliches, rechtzeitiges Aufgehen, bestätigen die Zweckmäßigkeit dieses Ver=
fahrens, welchem Referent auch bereits irgendwo in der Literatur begegnet
ist und dessen Erfinderin hier die Noth war, d. h. die üble Erfahrung mit
den in von Alemann'schen Hütten zu sehr eingetrockneten Eicheln. Auch von
einer renommirten Samenhandlung wurden hierher augenscheinlich künstlich
feucht gehaltene und dabei vorzüglichst keimfähige Ahorn= 2c. Samen geliefert,
so daß jenes Verfahren mehrfach verbreitet erscheint.

Zur Verschulung kommen nur 2jährige Pflanzen, nach Kürzung der
Pfahlwurzel auf 15—18 cm, da 1jährige dieselbe zu schnell wieder ersetzen,
auch auf sehr schwerem Boden schwächlicher zu bleiben scheinen.

Nochmalige Verschulung 4—5jähriger Lohden, soweit der Kulturfonds
dies gestattet, hat sich mit Ausnahme der Eschen, welche auch so unendliche
Faserwurzeln besitzen, besser bewährt, als einmalige, namentlich durch fast
ungestörtes Weiterwachsen der Heister, obgleich auch einmalige Verschulung,
als das hier noch vorherrschende Verfahren, gute Erfolge hatte.

Zum Ausheben dienen ausschließlich die hier, ähnlich dem Burkhardt'schen

---

[1]) von Varendorff: Ueber Erziehung von Eichenheisterpflanzen, Schles. Jahrb. 1881.
S. 179—193.

Muster, gefertigten handlichen Rodeeisen, jedoch mit verdicktem kugeligem Griff, zur Vermeidung von Handentzündungen.

Weißbuchen- und Eschensamen gehen 1½ Jahr ins Winterlager, bis zur Ankeimung. Bei Eschen wird wegen sehr großer Gefahr des Erfrierens im ersten Jahre, gleichzeitig mit der Aussaat, ein Schutzdach von Nadelholzreisig oder Rohr, 0,3 m über dem Boden angebracht, welches nach dem 20. Mai allmählich gelichtet und Mitte Juni gänzlich abgenommen wird. Die so erzogenen Saatstreifen stehen dann in üppigster Fülle..

Die Größe der nothwendigen ständigen Kampflächen beträgt ca. 10—12 % der jährlichen Schlagfläche oder 1—1,2 % der Mittelwaldfläche. Häufige Düngung mit Compost, unter Beigabe von Stalldünger, Kalk und Holzasche, ist wesentliches Erforderniß. Zur Ersparung kostspieligen Transports aus entfernten Gräben, wird an geeigneten näheren Stellen die obere Muttererde abgestochen und compostirt. Ueberschwemmung, Laubabfall und hoher Graswuchs mit ihrer Humusbildung verwischen bald jede Spur derartiger Entnahme.

Die Zäune werden sowohl für ständige, als vorrübergehende Kämpe aus gespaltenen oder angeschalmten Spriegeln, welche die bewährteste Sicherheit auch gegen Hasen und Kaninchen bieten, das Gerüst aber aus axtgespaltenen, durch Brennen und darüber Lapidartheerstrich [1] am unteren Ende geschützten Eichenpfählen gefertigt. Die Stelle der Latten vertreten dabei drei, aus je doppeltem Telegraphendraht gewundene Drahtzüge (Fig. 27).

Wenn unverkäufliche Holzstöße bis ins 2. Jahr im Schlage stehen mußten, so erscheint zwar die Vegetation unter ihnen erloschen, doch bald begrünen solche Plätze mit jungen Eschen, Weißbuchen und Ahorn, deren Samen, im Boden ruhend, gleichfalls 1 Jahr überdauert haben. So hatte die Natur für den Schaden schon das Heilmittel bereit.

Nachträglich wird noch angeführt, daß nach zuverläßigen Mittheilungen alter Holzhauer z. Zeit der früheren Weideberechtigungen 2c. für Rindvieh (vom 10 jährigen Schlagalter ab) der Boden bürstenartig mit jungem Anflug von Eschen 2c. bedeckt gewesen sein soll; was mit dem Eintreten des Samens durch das Weidevieh erklärt wird.

Die Schlagpflege.

Von mindestens gleicher Wichtigkeit als die Kulturarbeiten selbst und unzertrennlich von diesen und ohne jemaliges Aufhören ist im Mittelwalde die Schlagpflege. Sie beginnt sofort nach beendeter Hiebsführung, indem über den ganzen Schlag, unter Zuhilfenahme sehr langer Doppelleitern, die Zwieselbildungen, fast ausschließlich an Stämmen von Laßreiserstärke, ganz

---

[1] Lapidartheer besteht aus Steinkohlen- oder auch Gastheer mit starkem Zusatz von Talk, giebt dem Holze eine unvergleichliche Dauer und wird bereitet in der chemischen Fabrik von Wilhelm Matthée zu Magdeburg; ebenso „Theerlack."

systematisch beseitigt werden. Dadurch läßt sich das spätere Nutzholzprocent in hohem Grade steigern.

Ihr weiteres reiches Gebiet findet die Schlagpflege über das ganze Revier hin im Aufrichten gebogener Kern-Laßreiser 2c., sowie in unausgesetztem Einschreiten gegen Zwieselbildungen, auch an den sich weiter entwickelnden zahlreichen Pflanzheistern und als wachsame Bundesgenossin in dem ewigen Kampfe, welchen verdämmende Weichhölzer gegen edle Laubholzstämmchen führen.

Es hat sich dabei das Köpfen der Weichholz-Ausschläge in Brusthöhe weit besser bewährt, als Abhieb am Stocke; denn es sind die in der Höhe entstehenden kopfholzartigen Ausschläge

1. gegen Wildverbiß geschützter,

2. so schnellwüchsig, daß sie bis zur Schlagführung die volle Höhe der ungekürzt gebliebenen Nachbarn wieder erreicht haben, während der Heister inzwischen freien Hauptes emportreiben konnte.

Ferner bleibt durch die hochgeköpften Triebe der wohlthätige Bodenschutz dem schanzkorbartig umschlossenen Edelheister ununterbrochen erhalten.

Ein sehr ersehntes Ziel der Schlagpflege (bei genügenden Geldmitteln) ist ferner die Nutzbarmachung des Wassers aus den wasserreichen Bächen, welche das Revier durchfließen, durch Zuleitung auf benachbarte trockenere Stellen, zur Mehrung der Feuchtigkeit und günstigen Vegetation.

Die Mittelwald-Förster müssen ganz besonders mit gärtnerischer Anlage und besonderer Schaffenslust ausgestattet sein, wenn nicht der Mittelwald mit seinen nimmer ruhenden Anforderungen an das menschliche Auge und die menschliche Hand verkommen soll.[1]

Nebennutzungen

bestehen im Auen-Mittelwalde nur wenige, wie Verkauf von Pflanzen, sowie guter Walderde aus Gräben an Gärtner, grüner Zweige aus Läuterungen und Grenzräumungen, zur Verwendung bei festlichen Gelegenheiten, während Beeren und Pilze gänzlich fehlen.

Die meistbegehrte und zugleich fragwürdigste Nebennutzung ist die Gräserei.

Vor Jahrzehnten wurde dieselbe hier in den Schlägen, etwa vom 5. Blatt ab, also 5 Jahre nach Schlagführung, zum Ausschnitt meistbietend verpachtet. Es ist das große Verdienst des früheren hiesigen Revierverwalters und un-mittelbaren Vorgängers des Verfassers, jetzigen O. F. M. Dr. Borggreve, Münden, diesen Grasschnitt beseitigt zu haben, (wie dies näher dargestellt ist in Borggreve, Holzzucht 1885. S. 67 und in dem Supplementheft III

---

[1] Kraft: a. a. O. „Die Schlagauszeichnung im Mittelwalde erfordert die ganze Umsicht des erfahrenen Wirthschafters"; und noch mehr, so setzen wir hinzu, die weitere Schlagpflege.

zu den Forstl. Bl. de 1874. S. 43). Die Grasnutzung bleibt beschränkt auf Wege und Gestelle, als unentbehrliches Zug= und Bindemittel für die wenigen in der überaus fabrikreichen Gegend sonst nicht zu erlangenden Holzhauer und Waldarbeiter.

In dem Grase wurde die hauptsächlichste natürliche Dungkraft des Waldes jährlich zu wiederholten Malen entführt und zugleich die Mehrzahl langsam=wüchsiger junger Samen= und Ausschlagpflanzen zerstört. Erhebliche Lückigkeit des Unterholzes, sowie gänzlicher Mangel an Anflug war die bedenkliche Folge; dazu kamen noch: erheblicher Unfug und Uebergriffe der zahlreichen Pächter auf das Gebiet unerlaubter Forst= und Jagdnutzung, indem die meisten der junggesetzten Rehkälber ihrem Schlachtmesser still verfielen und unter Grasbürden waldauswärts wanderten, während dasselbe Messer auch unter den werthvollen kleinen Nutzhölzern an Reifen, Harken= und Schippenstielen reichlich aufräumte. Dadurch wurde auch die Kraft der im Mittelwalde unaufhörlich in gärtnerischer Waldpflege beschäftigten Forstbeamten über die Maßen auf die unfruchtbare Thätigkeit des rein defensiven Forstschutzes abgelenkt.

Wenn Vertheidiger der Grasnutzung im Mittelwalde anführen, daß durch den (so wie so nicht allzu erheblichen) Pachtertrag eine beachtungswerthe Beihilfe zu den Kulturkosten gewonnen und einer großen Zahl von Besitzern minimalster Grundstücke, ergänzungsweise aus dem Walde die Mittel zur vollständigen Existenz geboten seien, so ist dagegen die unwiderlegbare, erhebliche Schädigung an der hauptsächlichsten Substanz des Waldes, der Bodenkraft anzuführen, wie sie sich in der weitgreifenden Zopftrockniß und dem immer dürftiger werdenden Wuchse des Ober= und Unterholzes in nachbarlichen Auenrevieren, selbst mit vorzüglichem Schlickboden, in einem Maße zeigte, daß auch dort neuerdings Sichel und Sense gänzlich verbannt werden mußten.[1]

Ferner kann die Existenz von Hunderten von Familien auf je etwa 0,25 — 0,5 ha Land, wie sie nur mit Zuhilfenahme der Waldgräserei ermöglicht wird, in Gegenden mit intensiver Kultur und Arbeit nicht als ein Segen, sondern nur als das Gegentheil aufgefaßt werden, da die hochentwickelte Landwirthschaft der Provinz Sachsen aller Hände so überaus dringend zu gemeinsamer Arbeit bedarf und solche aus fernen Gegenden (Oberschlesien, Posen 2c.) mit großen Opfern heranzuziehen genöthigt ist, während jene Graspächter, unbetheiligt an den großen Aufgaben ihrer Umwohner, gemüth-

---

[1] Burkhardt: Säen und Pflanzen. IV. 202 bei Erle: Die unausgesetzte Grasnutzung macht den Boden ärmer und man hat bereits darauf denken müssen, bald durch Stauvorrichtungen den Boden mit nährendem Wasser zu versehen, bald zeitweises Beweiden mit der Grasnutzung wechseln zu lassen oder letztere periodisch ganz auszusetzen.

und pag. 201: Die Sense hat vielen Brüchern wehe gethan.

lich ein Parasitenleben führen. So wird der Vorschub, welchen der Wald ihnen dazu leistet, in doppelter Beziehung, sowohl für den Wald selbst, als seine ackerbauende und gewerbtreibende Nachbarschaft, ein national-ökonomischer Schaden, sowie eine Hegung fast unsittlichen Müßigganges.

Das wirthschaftliche Ziel

a) bezüglich der zu erziehenden Holzarten bildet die Herstellung folgender Bestände für den Niederungs-Mittelwald, unter Begünstigung des Oberholzes:

I. Bodenklasse: Oberholz: Esche und Eiche, Bergahorn, Schwarzpappel, Erle, Korkrüster, Weißbuche, Lärche.

Unterholz: Ahorn, Esche, Rüster, Weißbuche, Hasel, Erle, Pfaffen-hütchen, Dornen.

II. Bodenklasse: Oberholz: Esche und Eiche, Ahorn, Weißbuche, Birke, Schwarzpappel, Erle, Lärche.

Unterholz: Hasel, Ahorn, Esche, Rüster, Weißbuche, Erle.

III. Bodenklasse: Oberholz: Eiche, Birke, Weißbuche, Schwarzpappel, Erle.

Unterholz: Hasel, Ahorn, Weißbuche, Erle und verschiedene kleine Weichhölzer.

Ueber die verschiedenen Umtriebszeiten siehe unten.

b) An Holzmasse ist derjenige Bestand zu erstreben, welcher bei größter Nutzholzfähigkeit, das geringste Holz-Kapital erfordert, aber rechnungsmäßig die größte nachhaltige Geldrente liefert. Denn es bringt der Mittelwald, bei Vermehrung des Oberholzvorraths, nicht eine gleichmäßig erhöhte, sondern, von einer bestimmten Grenze ab, sogar eine sich vermindernde Material- und Werth-Rente, wegen Beschränkung des Lichtungszuwachses, beziehungsweise Bodenwachsraums.

Der Umtrieb a) des Unterholzes.

Nach Beseitigung der Servituten ist derselbe von 24 auf 18 Jahre herabgesetzt worden.

Die Vortheile kurzer Umtriebe bestehen in Folgendem:

1. Dieselben begünstigen wesentlich die Oberholz-Erziehung, denn die häufigere Wiederkehr der Schläge ist auch mit öfterer Auspflanzung derselben und mit Freihieben von Oberholz-Nachwuchs verbunden und bringt dadurch viel Material künftigen Oberholzes in die Bestände.

2. Sie lassen häufigere Correcturen und Aushiebe zu, so daß entstehende Schäden in den Beständen, namentlich Zopftrockniß und ungünstige Beschattung, bald wieder beseitigt werden können; auch Brennholzstämme werden entfernt, dagegen auf Belassung nur vorzüglicher Nutzholzstämme kräftig hingewirkt. Die Bestandspflege wird intensiver, die Kosten für Läuterung verringern sich oder fallen weg.

3. Die Stöcke gewinnen an Lebensfrische und Ausschlagsfähigkeit, gegen=
über zu langen Umtrieben.

Diesen Vorzügen stehen folgende Nachtheile kurzer Umtriebe entgegen:

1. Oefteres Bloßlegen des Bodens.

2. Vermehrung der Hauerlöhne und der nothwendigen Arbeitskräfte,
da in gleicher Arbeitszeit nicht gleich große Holzmassen schwachen Reisigs im
Unterholze geworben werden können.

3. Vermehrung der Kulturkosten durch die größeren zu kultivirenden
Jahresschläge.

4. Verengung des Debitskreises, da schwaches Reisig keinen so weiten
Transport verlohnt als starkes, auch leichter Concurrenz in Privatrevieren
findet.

5. Verminderung oder Ausfall der kleinen Nutzholzartikel (Stangen 2c.)
aus dem Unterholze.

6. Verminderung des Raff= und Leseholzes, weil die oft wiederkehrende
Axt sehr wenig Unterholz trocken werden läßt. Dieser Mangel an Raff= und
Leseholz kann, bei benachbartem zahlreichem Proletariat, die Erhöhung der
Forstschutzkräfte oder sonstige wirthschaftliche Maßnahmen erfordern.

Die Umtriebszeit des Oberholzes

ist gleich dem durchschnittlichen Haubarkeitsalter, welches die betreffende
Holzart in dem bestimmten Revier erreichen soll.[1]) Durch Rechnung ist der=
jenige Umtrieb festzustellen, welcher den höchsten Procentsatz an Masse und
Werth erzeugt.

1. Die Umtriebszeit kann und muß eine wesentlich kürzere sein, als die
für Hochwald auf derselben Fläche passende. Denn bei dem starken Lichtungs=
zuwachse im räumlichen Stande erreichen die Stämme in weit abgekürzter
Zeit den wirthschaftlichen Höhepunkt; bei dann noch ausgedehntem Zuwarten
leiden sie leicht Schaden an der Substanz. Auch stammt ein Theil des
Baumholzes aus Laßreisern von Stockausschlägen und fordert, gegenüber den
Kernpflanzen des Hochwaldes, kürzere Umtriebszeit. Wo in Anbruchholz ge=
wirthschaftet wird, da war die Umtriebszeit zu hoch gewählt.

2. Die große Freiheit der plänterartigen Wirthschaft im Mittelwalde
gestattet, eine Anzahl besonders guter Stämme, abweichend vom allgemeinen
Umtriebsalter, ganz beliebig alt zu Starkholz werden zu lassen. Im Wege
der Lichtung, Läuterung und Durchforstung wird ein aliquoter Theil des
Oberholzes vor Erfüllung des Umtriebsalters weggenommen. Zum Ausgleich
kann dafür ein anderer Theil den Umtrieb überschreiten.

---

[1]) Zuweilen wird auch das höchste Haubarkeitsalter mit „Umtrieb" bezeichnet.

3. Je nach den örtlichen Verhältnissen kann der Umtrieb nicht nur für einzelne Schläge, sondern auch für einzelne Abtheilungen und in diesen wieder für die einzelnen Haupt-Holzarten ein besonderer, vom allgemeinen Umtriebs-alter des Blocks abweichender sein.

4. Für jede einzelne Holzart ist derjenige Umtrieb zu wählen, bei welchem dieselbe erfahrungsmäßig in guter Gesundheit beträchtliche, recht ge-suchte und werthvolle Stärkemaaße erreicht. Erziehung überreifen kranken Starkholzes ist ein erheblicher Schaden und Fehler.

5. Die Umtriebszeiten des Oberholzes sind Vielfache vom Unterholz-umtriebe.

Nach Ablösung früherer Berechtigungen und theilweiser Eindeichung war Herabsetzung der seitherigen Umtriebe angezeigt und zwar

a) für Eichen von 180 auf 126 Jahre = 7 × 18, mit einer ein-maligen, jetzt bestehenden Uebergangszeit (während eines Unterholz-Umtriebes) von 144 = 8 × 18 Jahren;[1]

b) für Eschen und Rüstern = 90 und 108jährig = (5 resp. 6).18;

c) Weißbuchen, Ahorn 90jährig = (5 × 18);

d) Weichholz 54—72jährig (3 bis 4).18.

Die Zuwachsberechnung

erfolgt a) am sichersten am liegenden Holze, unter Theilung des Stammes in Sectionen. Das Zuwachsprocent p wird gefunden nach dem Verhältniß:

$$m : (M-m) = 100 : p$$

$$p = \frac{M-m}{m} \cdot 100 = \frac{100\,z}{m}\;{}^{2}).$$

---

[1] Pfeil: Forstwirthschaft nach rein praktischer Ansicht, 5. Auflage, Seite 4. Für den Mittelwald eignet sich die Eiche als Oberbaum sehr gut, sobald man sie kein zu hohes Alter erreichen läßt. Alsdann schadet sie durch ihren Schatten wenig, giebt bald ein brauch-bares Nutzholz, wozu der freie Stand viel beiträgt.

Kraft: Ertragsberechnung für Mittelw. Allg. Forst- und Jagd-Zeitung, Juli 1878. S. 222. „Der Umtrieb im Oberholze darf selbst für die Eiche nicht über 120 Jahre hin-ausgehen, auch liegt in dem finanziellen Verhalten in der Regel keine Nöthigung, dies Alter zu überschreiten." (Auf Prima-Boden z. B. Saal-Aue, kann der Eichen-Umtrieb unbedenk-lich höher als 120 Jahre sein.)

[2] Wird der Zuwachs auf M bezogen, so ist

$$M : (M-m) = 100 : p$$

$$p = \frac{M-m \cdot 100}{M} = \frac{100\,z}{M}.$$

Für n Jahre ist M der $n$jährige Nachwerth von m;

$$\text{daher } M = m \cdot 1{,}0\,p^n$$

$$1{,}0\,p = \sqrt[n]{\frac{M}{m}} \cdot p = 100\left(\sqrt[n]{\frac{M}{m}} - 1\right)$$

hat z. B. 1 Stamm im 60. Jahre = 1,25 fm, im 80. Jahre 2,12 fm, so ist das Zuwachsprozent für diese 20 Jahre:

$$= 100\left(\sqrt[20]{\frac{2{,}12}{1{,}25}} - 1\right) = 2{,}662\,\%.$$

Am besten bezieht man das Zuwachsprozent weder auf m noch auf M sondern auf das arithmetische Mittel aus beiden[1]); dann ist

$$\frac{M+m}{2} : \frac{M-m}{n} = 100 : p; \quad p = \frac{M-m}{M+m} \cdot \frac{200}{n}.$$

Prof. Kunze (Lehrbuch der Holzmeßkunst Seite 227) giebt zur Vermeidung von Logarithmen die Näherungsformel:

$$p = \frac{M-m}{M(n-1) + m(n+1)} \cdot 200.$$

Bei der Zuwachsermittelung am liegenden Holze, soweit diese ausführbar, liegt der ganze Entwickelungsgang des Stammes klar vor Augen; es läßt sich so allein das Maaß des Zuwachses feststellen, welchen eine Holzart in jedem Jahrzehnt ihres Lebens hervorbringt. Weiß man z. B. aus großen Durchschnitten, daß Eichen zwischen 50—60 Jahren 4% zuwachsen, so kann man allen Eichen, welche in dieses Lebensalter eintreten, jenes durchschnittliche Zuwachsprocent für ihre nächste 10 jährige Zukunft anrechnen.

b) Die Zuwachsermittlung am stehenden Holze nach der Formel $p = \dfrac{400}{n\,d}$ erscheint wegen Nichtberücksichtigung der Höhenunterschiede ungenau, namentlich für jüngere Stämme mit wesentlichem Höhenwuchse. Am besten wird M aus 1. jetziger Höhe und 2. jetziger Formzahl; und m aus Höhe (3) und Formzahl (4) vor n Jahren und daraus $M-m$ berechnet.

Die Größen 2 3 4 werden aus örtlichen oder auch allgemeinen Baum-Ertragstafeln entnommen.

Bei sicheren örtlichen Mittelwald-Stammtafeln läßt sich das Zuwachs-Procent aus dem Unterschiede zwischen dem Inhalte des Mittelstammes jeder jüngeren Altersklasse gegen den Inhalt älterer Klassen nach obiger Formel

$$p = 100\left(\sqrt[n]{\frac{M}{m}} - 1\right) \text{ zutreffend berechnen.}$$

---

[1]) cf. Dr. Rob. Hartig: ("Der Preßler'sche Zuwachsbohrer und die Methoden der Zu-wachsermittlung", Zeitschrift für Forst- und Jagdwesen Heft 1, S. 119). „Den einjährigen Zuwachs der Periode drücken wir aus im Procentsatze zum Massengehalte des Baumes in der Mitte der Periode, um das laufende Zuwachsprocent zu finden".

Als durchschnittlicher jährlicher Zuwachs am Derbholze des Oberholzes ergiebt sich: pro ha auf besten Bodenklassen des Auen-Mittelwaldes bei gutem Bestande ca. 3,5—4 fm und plus, auf mittleren 2,5—3,5 fm, auf geringen 2—2,5 fm.

Normalvorrath.

An Stelle dieses aus der Oesterreichischen Kameraltaxe übernommenen Namens kann man den Ausdruck: „Wirthschaftlich zu erstrebender Vorrath" setzen.

Derjenige Oberholz-Vorrath ist als normal zu erstreben, welcher, bei dem geringsten Material-Kapital, die größte nachhaltige Rente liefert.

I. Die Ermittelung erfolgt auf praktischem Wege nach Probestücken: Es wurde nach Bodenkraft und Rentabilität jeder Ober- und Unterholzart, an der Hand wirthschaftlicher Erfahrungen, die wirklich gefundene, als Muster brauchbare Oberholzmasse als die zu erstrebende für einen Mittelwaldort angenommen, getrennt nach Holzarten. 1) Eichen, 2) Eschen, Rüstern 2c., 3) Weichholz. Im Allgemeinen werden annährend gleiche Bodenverhältnisse desselben Blockes auch annährend gleichen Normal-Vorrath bedingen.

Dies Verfahren empfehlen auch O.F.M. Kraft[1]) und Fm. Weise[2]).

II. Eine theoretische Herleitung des Normalvorraths ist ferner folgende: Denkt man sich einen Bestand = 1 ha und dabei 0,3 ha Unterholz, und 0,7 ha Oberholz. Letzteres hat 5 Eichen-Altersklassen, jede mit gleichem summarischem Wachsraum von 0,14 ha. Beträgt der im Walde ermittelte Wachsraum à Eiche I. Kl. = 70 qm, II. Kl. 40 qm, III. Kl. = 25 qm, IV. Kl. = 12 qm, V. Kl. = 3,7 qm, so wird der normale Vorrath pro 1 ha gebildet in I. Altersklasse = $\frac{1400}{70}$ = 20 Stück Eichen, II. Klasse durch $\frac{1400}{40}$ = 35 Stämme 2c. Stückzahl mal ermittelten Derbholzgehalt des Einzelstammes ergiebt die normale Holzmasse jeder Eichen-Altersklasse, und durch Summirung: aller Altersklassen.

Außer für Eichen muß in ähnlicher Weise die Ermittelung für 2. Eschen, Rüstern, Ahorn, Weißbuchen, 3. Weichhölzer (Erle, Birke, Schwarzpappel) stattfinden.

---

[1]) A. Fst.- und Jgd.-Ztg. Juli 1878. S. 229: „Der vorhandene normale Vorrath wird durch specielle Auszählung bis zur Genauigkeit von 1—2 cm Durchmesser bestimmt."

[2]) Taxat. des Mittw. S. 31. „Es erscheint am passendsten den Norm.-V. nach geeigneten Probestücken oder nach guten Erfahrungssätzen in seiner Summe zu ermitteln und diese für das Ziel der Wirthschaft festzuhalten. Wir lassen hier jede theoretische Berechnung fallen, gebrauchen sie aber für die Zerlegung des Gesammtvorraths in Einzelvorräthe jeder Altersklasse."

Nach ähnlichen Gesichtspunkten läßt sich auch das Verfahren v. Cotta (Waldbau 9. Aufl. 1865 S. 127) und anderer betrachten.

Bedenklich dabei ist, daß im wirklichen Mittelwalde die lichtbelaubten Oberhölzer mit ihren luftigen, hochangesetzten Kronen, ihre Schirmflächen mit Unterholz und jüngeren Oberholzstämmen von Halbschattenhölzern, wie Eschen, Rüstern, Ahorn, welche sich zu ihren Füßen angesiedelt haben, theilen. Ferner lassen sich die Schirmflächen, wenigstens im Auen=Mittelwalde, mit ihren zahlreichen Oberholzarten, in bald einzelner, bald horstweiser Stellung, trotz vielen Rechnens und Zeitaufwandes nicht mit nur annähernder Sicherheit be= stimmen. Sie werden immer „schwankende Gestalten" bleiben[1]).

Auch wird das Bedenken erhoben[2]), daß durch Innehaltung gleicher Altersklassen=Flächen die Freiheit des Mittelwald=Betriebs beeinträchtigt und ein beträchtlicher Theil des Holzes in nicht hiebsreifem Alter genutzt wird. Wie sollen z. B. die zahlreichen, besonders wüchsigen Stämme untergebracht werden, welche, oft weit über den Umtrieb hinaus, erhalten bleiben sollen.

Ermittelung des Normal=Vorraths nach G. Heyer. (Waldertr.=Reglg. 1883 S. 261 und S. 38 u. 39):

Ist die Zahl der Stämme, welche die älteste Klasse des Oberholzes beim Normalzustande enthalten soll, und die durchschnittlichen Abtriebsmaße eines solchen Stammes durch Untersuchungen an vorhandenen haubaren Stämmen ermittelt, kennt man also den normalen Holzgehalt h der ältesten Klasse, so ist der normale Vorrath $= h\dfrac{u}{2} =$ dem Holzgehalt der ältesten Klasse, multi= plicirt mit der halben Umtriebszeit der betreffenden Holzart (als Summa einer arithmetischen Reihe, welche bekanntlich gefunden wird, indem man die Summen des ersten und des letzten Gliedes durch die halbe Anzahl der Glieder also mit $\dfrac{u}{2}$ multiplicirt).

Ermittelung des Normal=Vorraths nach Weise. (Tax. des Mittel= waldes S. 19 ff.)

Bezeichnet man den durchschnittlichen Inhalt eines Laßreises mit m_2, den eines Oberständers mit m_3 u. s. f., den eines Hauptbaumes mit m_n und sind S_2, S_3, ... S_n die Stammzahlen (Stückzahlen) dieser Klassen, so ist der Vorrath v eines Schlages vor dem Hiebe

$$v = S_2 m_2 + S_3 m_3 + \cdots\cdots + S_n m_n.$$

---

[1]) von Bauer: Centralblatt 1880, Heft 5: An einem Orte kann das Oberholz in gleichmäßiger Vertheilung stehen, am anderen horstweise, an noch anderen ganz fehlen, auch können 2 oder 3 verschiedene Oberholzklassenbäume unter einem alten Baume stehen und von diesem ganz überschirmt werden. Wie unsicher muß es sein, unter solchen Verhältnissen die Schirmflächen getrennt nach Holzarten, Altersklassen, Stärken und Bonitäten ordentlich zu berechnen.

[2]) D. F. M. Danckelmann, Zeitschr. f. F. u. J., Sept. 1879. S. 195.

Nennt man den einjährigen Schlagzuwachs ζ, so ist der Vorrath jedes jüngeren Schlages gegen den nächstälteren um ζ geringer, also der Vorrath des zweitältesten $= v - \zeta$ u. s. w., der Vorrath des jüngsten $= v - (u-1)\zeta$, wenn u den Unterholzumtrieb bedeutet. Man erhält so eine arithmetische Reihe, deren erstes und letztes Glied v und $v - (u-1)\zeta$ sind, deren Gliederzahl u ist. Die Summe dieser Reihe ist

$$\left[v + u - (u-1)\,\zeta\right]\frac{u}{2} = u\left[v - \frac{(u-1)}{2}\,\zeta\right]$$

oder wenn man $u\zeta = Z$ setzt,

$$\text{Normalvorrath} = uv - \frac{(u-1)}{2}\,Z.$$

Beispiel (nach Weise).

Die Flächengröße eines Mittelwaldes sei $= 200$ ha, die Umtriebszeit des Oberholzes 144, des Unterholzes 12 Jahre. Es enthält dann ein Schlag $\frac{200}{12} = 16{,}67$ ha. Der Vorrath v an Oberholz (es wird nur das Derbholz berücksichtigt und dies als erst von der 3. Altersklasse an vorkommend angenommen) und der Zuwachs Z berechnet sich nach den nachstehenden Ertragsangaben folgendermaßen:

Ertragsangaben				Berechnung von V	Berechnung von Z		
						Zuwachs	
Klasse	Alter vor dem Hiebe	Stammzahl	Inhalt eines Stammes	Inhalt der Klasse		eines Stammes	der Klasse
Nr.	Jahre	Stück	Festmeter	Festmeter		Festmeter	
I.	12	—	—	—		—	—
II.	24	—	—	—		—	—
III.	36	602	0,04	24		0,04	24
IV.	48	385	0,28	108		0,24	92
V.	60	268	0,50	134		0,22	59
VI.	72	197	0,80	158		0,30	59
VII.	84	150	1,25	188		0,45	68
VIII.	96	120	1,84	221		0,59	71
IX.	108	88	2,34	206		0,50	44
X.	120	72	2,84	204		0,50	36
XI.	132	61	3,38	206		0,54	33
XII.	144	57	3,92	223		0,54	31
		Summa = V =		1672		Sa. = Z =	517

Es ist hiernach der Normalvorrath des Oberholzes

$$= uv - \left(\frac{u-1}{2}\right) Z = 12 \cdot 1672 - \frac{11}{2} \cdot 517 = 17220 \text{ Festmeter.}$$

Diese Berechnung soll nur zur Prüfung der Normalität des Altklaff. Verhältnisses dienen, nicht zur speciellen Etatsberechnung. s. Weise S. 31.

Prüfung des normalen Holzgehaltes der einzelnen Altersklassen.

Fm. Weise stellt hierzu den leitenden Grundsatz auf, daß jede Alters=
klasse, bei normalem Verhältnisse, ebenso wie im Hochwalde, einen gleich
großen Flächeninhalt einnehmen müsse, was durch Berechnung der
Schirmflächen festzustellen sei. Seine oben angeführte Ermittelung des nor=
malen Vorrathes soll nur zur Prüfung des Normalgehaltes der Altersklassen dienen.

Einen schnellen Ueberschlag über die Normalität der Altersklassen giebt
folgendes Verfahren: Es werden ermittelt 1. der vorhandene Vorrath vor dem
Hiebe, 2. die Zuwachsprocente und 3. die Aushiebsmasse bei der Schlag=
führung aus jeder jüngeren Klasse, in Procenten ihres Vorraths vor
dem Hiebe.

Die normale Vertheilung des wirklichen Vorraths geschieht folgendermaßen:

Eichen					
Altersklassen	I	II	III	IV	V
Jahre	101/120 u. darüber	81/100	61/80	41/60	21/40
Mittleres Alter	110	90	70	50	30
Zuwachsdauer	20	20	20	20	20
Zuwachs=Procent sei durchschnittlich	1,2	2,5	3,5	6	9
Bei der Schlagführung werden erfahrungs= mäßig abgenutzt aus jüngeren Klassen an Procenten ihres Massengehaltes		20	15	9	3
Ist der Inhalt der jüngsten Klasse vor dem Hiebe = 1, so sind die Verhältnißzahlen für normale Vertheilung des wirklichen Oberholz= Vorraths	4,16	3,36	2,80	1,94	0,97

z. B. der Ist=Vorrath an Eichen in einem Schlage (Blocke) vor dem Hiebe
sei 650 fm, so berechnet sich die normale Vertheilung desselben:

V. Altersklasse: Der Ist=Vorrath vor dem Hiebe sei x,

nach dem Hiebe $x - 3\% \qquad = 0{,}97\,x$

IV. Altersklasse: $0{,}97\,x \left(1 + \dfrac{20 \cdot 6}{100}\right) = 2{,}13\,x$ vor dem H;

nach Abnutzung von 9% der Masse bleiben $\qquad = 1{,}94\,x$

III. Altersklasse: Durch Fortwachsen dieses Kapitals 20 Jahre

lang zu 3,5% wird dasselbe $1{,}94\,x \left(1 + \dfrac{20 \cdot 3{,}5}{100}\right)$

$= 3{,}30\,x$ vor dem Hiebe. Nach 15% Abnutzung $\qquad = 2{,}80\,x$

II. Altersklasse: $2{,}80\,x \left(1 + \dfrac{20 \cdot 2{,}5}{100}\right) - 20\%$ Abnutzung $\qquad = 3{,}36\,x$

I. Altersklasse: $3{,}36\,x \left(1 + \dfrac{20 \cdot 1{,}2}{100}\right) \qquad = 4{,}16\,x$

Summa 13,23 x

Es beträgt also der Vorrath der Klasse I von 110 Jahren 4,2 mal mehr als in Klasse V vor 30 Jahren. [1])

Aus der Gleichung 13,23 x = 650 fm ist x = 49,130 fm.

Der Ist-Vorrath von 650 fm vertheilt sich daher nach normalem Verhälnisse auf die einzelnen Altersklassen:

$$\begin{array}{rllll}
\text{V. Klasse} & 49{,}13 \text{ fm} & \cdot\ 0{,}97 = & 47{,}66 \text{ fm} \\
\text{IV.} & {\prime\prime} & {\prime\prime} & \cdot\ 1{,}94 = & 95{,}31 \ {\prime\prime} \\
\text{III.} & {\prime\prime} & {\prime\prime} & \cdot\ 2{,}80 = & 137{,}56 \ {\prime\prime} \\
\text{II.} & {\prime\prime} & {\prime\prime} & \cdot\ 3{,}36 = & 165{,}08 \ {\prime\prime} \\
\text{I.} & {\prime\prime} & {\prime\prime} & \cdot\ 4{,}16 = & 204{,}39 \ {\prime\prime} \\
& & & \text{Summa} & 650{,}00
\end{array}$$

wie der Ist-Vorrath oben.

Aehnlich wird die Vergleichung für 2. Eschen, Rüstern zc., 3. Weichholz ausgeführt.

Aus Vergleichung mit den im Walde gefundenen Altersklassen wird ersichtlich, welche zu reich oder zu gering mit Vorrath besetzt sind, welche also beim Hiebe event. zu begünstigen oder zu schonen sind, ebenso, für welche Altersklassen noch besondere event. Kräftigung, sei es durch Ueberhalt von Laßreisern, sei es durch verstärkte Pflanzungen erforderlich wird.

Die Massenermittelung erfolgt durch Kluppen aller Stämme über 10 cm, und Zählen der schwächeren; ferner durch Berechnung nach Formzahlen, unter Scheidung von 2 Entwickelungsklassen. Ganz abnormer Wuchs einzelner Stämme macht Okularschätzung erforderlich. Sehr zweckentsprechend ist die fortdauernde Ermittelung von möglichst vielen örtlichen Formzahlen, von Höhen, Alter, Zuwachsprocent im Laufe der Wirthschaft, in jedem einzelnen Jahresschlage und Buchung der Ergebnisse, weil nur aus großen Massen derartiger Ermittelungen, bei den so bedeutenden Schwankungen im Mittelwalde, sich richtige Durchschnittszahlen ergeben.

Ueber die Anrechnung von Zins auf Zins erklärt Dr. Judeich (Forsteinrichtung 3. Aufl. S. 18): „Die Messung wäre grundsätzlich eine unrichtge, wollten wir anders als nach jährlicher Verzinsung rechnen, da wirklich Jahr für Jahr neuer Zuwachs an der durch den vorjährigen Zuwachs vermehrten Masse erfolgt. Der einzelne Baum, der einzelne Bestand ist nichts anderes, als ein in der Forstwirthschaft thätiges Kapital."

In ähnlicher Weise Prof. Kunze: Holzmeßkunst und Preßler: Zuwachstafeln S. 16.

Bei den taxatorischen Berechnungsarbeiten führt die Anwendung der

---

[1]) Vergleicht man hiermit beiläufig die Angaben von Burckhardt für Normalvorrath des Eichenhochwaldes (Hilfstafeln für Forsttaxatoren 3. Aufl. S. 90), so ergiebt sich dort das sehr ähnliche Verhältniß von 76 : 295 oder 1 : 3,9, nachdem auch Burckhardt im 90. Jahre einen starken Aushieb zur Lichtung einlegte.

Rechentafeln von Crelle[1]) (Stereotyp=Ausgabe, Berlin, Georg Reimer) eine Zeit= und somit Gelderjparniß von etwa 15—20% herbei, reducirt auch die vielen ermattenden untergeordnetejten Rechnungen auf eine rein mechanijche Thätigkeit und jchafft dadurch eine wesentliche geijtige Erleichterung. Prof. G. Heyer theilte dem Referenten bei längerem Zusammensein mit, daß von ihm bei den taxatorischen Berechnungen die Crelle'jchen Tafeln an seine Zuhörer vertheilt und diese jo im Gebrauche geübt würden. Die Preuß. Grundsteuer=Regelung wäre ohne die C. Tafeln wohl nicht rechtzeitig zu be= enden gewesen, was Verf., als Mitarbeiter dabei, aus eigener Erfahrung bestätigen kann. Auch für viele Rechnungsarbeiten auf Oberförstereien sind die Tafeln recht nutzbringend. So sind z. B. die Hilfstafeln zur Taxwerth= berechnung von Behm nur Auszug aus Celle. In neuerer Zeit scheinen, soweit Verf. beobachten konnte, die C. Tafeln völlig unbekannt zu bleiben.

Die Ertragsberechnung.

Die frühere Ertragsberechnung des hiesigen und benachbarter ähnlicher Mittelwälder ist nach dem von Pfeil, in seiner Forsttaxation pag. 300 ff. und in den Krit. Blättern 1836, Band 10, Heft 2, und 1848, Band 25, Heft 2 entwickelten Verfahren ausgeführt.

Sind danach:

a) die jüngeren Altersklassen in genügendem Maße, zur späteren Bildung ausreichenden Altholzes, vorhanden, so wird die Berechnungszeit nur auf den ersten Unterholz=Umtrieb beschränkt, d. h. es werden nur diejenigen Holzmassen ermittelt, welche im ersten Umtriebe herauszunehmen sind.

b) Ist aber Mangel an jüngeren Altersklassen, so erstreckt sich die Berechnungs= zeit für die Abnutzung des alten Holzes auf denjenigen Zeitraum, inner= halb dessen das junge Holz, an Stelle des jetzigen alten, zur Haubarkeit, resp. als Erjatz desselben herangewachsen sein wird.

Beispiel von Pfeil ad b: Schlag 6, welcher, bei 20jährigem Umtriebe, noch einen 14jährigen Zuwachs haben wird, erhalte pro ha 140 fm. Der durchschnittliche jährliche Zuwachs beträgt 2%; die Berechnungszeit wird wegen der Bestandsverhältnisse auf 3 Umtriebe = 60 Jahre festgesetzt:

Der jetzige Vorrath = 140 fm	140 fm pro ha
Dazu 14jähriger Zuwachs zu 2%	39 „ „ „
Bei dem Hiebe Vorrath an Altholz	179 „ „ „
Davon werden gehauen	80 „ „ „
Es bleiben stehen für den II. Umtrieb	99 „ „ „
Zuwachs in 20 Jahren	40 „ „ „

---

[1]) Dr. A. L. Crelle geb. 1780 zu Eichwerder bei Wrietzen a. O., Mitgl. d. Kgl. Akad. d. Wissensch. u. d. Ober=Baudirection, Herausgeber des berühmten „Journal für reine und angewandte Mathematik" 2c.

Vorrath nach 34 Jahren . . . . 139 fm pro ha

Davon werden gehauen . . . . 80 „ „ „

Es bleiben für den III. Umtrieb . . . . 59 „ „ „

Dazu Zuwachs für 20 Jahre . . . . 23 „ „ „

Für den dritten Umtrieb sind vorhanden . . . . . . 82 „ „ „

Es können wieder gehauen werden . . . . 82 „ „ „

Damit ist der Vorrath abgenutzt und die beim Beginne der Berechnungs=zeit jüngerer Altersklassen sind in den 60 Jahren zur Benutzung, an Stelle der abgetriebenen alten Klassen, herangewachsen.

In wohlgepflegten Staats=Forsten wird der Fall ad a bei Weitem der häufigere sein.

Es hat dies Pfeil'sche Verfahren einen ganz praktischen Gedanken. Da=mals rechnete man noch, auch für den Hochwald, die Holzerträge für jeden der 5—6 Umtriebe gewissenhaft und mühsam in Zahlen aus, jetzt nur noch für die I. Periode, während die späteren nur durch Flächennachweis gedeckt werden.

Pfeil ging hierin seiner Zeit voraus, wandte das ähnliche Verfahren, die Berechnung nur auf das Altholz auszudehnen, die jungen Altersklassen aber nur summarisch, als vorhanden, nachzuweisen (wie dies in sorgfältig bewirthschafteten Staatsforsten wohl anwendbar ist), auf den Mittelwald an.

Um nicht durch Festlegung jedes einzelnen Jahresschlages die Wirthschaft zu sehr einzuengen, empfahl er auch „Periodenschläge", bei welchen, ohne Abtheilung der Schläge im Walde oder auf der Karte, nur festgesetzt wurde, innerhalb wie vieler Jahre die einzelnen Forstorte genützt werden sollten. (Vertheilung der Oberholz=Nutzung auf mehrere Jahre, Pauschquanta.)

Es wird hiergegen der Einwand erhoben, daß Zuwachs vom Zuwachs, wenigstens für die beiden letzten Umtriebe, berechnet sei. Dr. Judeich (Forst=einrichtung 3. Aufl. S. 18) tritt aber für die alleinige Richtigkeit der Be=rechnung des Zuwachses vom Zuwachse ein. Siehe oben S. 55.

Eine Formel für das Pfeil'sche Verfahren ist:

$$\text{Etat} = \frac{v f^{n-1} (f-1)}{f^n - 1}.$$

Dabei ist $v =$ Oberholz=Vorrath vor dem Hiebe, $v-x =$ Oberholz=Vorrath nach dem Hiebe. Für den II. Unterholz=Umtrieb (nach u Jahren und zu p %:

a) vor dem Hiebe: $x - v + \dfrac{(v-x)\,pu}{100} = v - x \left(1 + \dfrac{pu}{100}\right)$. Wenn zur

Abkürzung eingeführt wird $1 + \dfrac{pu}{100} = f$, also $= (v-x) f = vf - xf$.

b) nach dem Hiebe $= vf - xf - x$.

Für den III. Umtrieb

$$\text{vor dem Hiebe } vf^2 - xf^2 - xf,$$

$$\text{nach dem Hiebe } vf^2 - xf^2 - xf - x,$$

allgemein: für den n ten Umtrieb

vor dem Hiebe .. $vf^{n-1} - xf^{n-1} - xf^{n-2} - xf^{n-3} \ldots\ldots\ldots -xf,$

nach dem Hiebe . $vf^{n-1} - xf^{n-1} - xf^{n-2} - xf^{n-3} \ldots -xf - x = 0$

(da nach dem n ten Umtriebe das Vertheilungsquantum an Oberholz abgenutzt sein soll),

$$\text{oder } vf^{n-1} = x(f^{n-1} + f^{n-2} + f^{n-3} \ldots\ldots + f + 1),$$

$$vf^{n-1} = \frac{x(f^{n-1})}{f-1},$$

$$x = \frac{vf^{n-1}(f-1)}{f^n - 1}.$$

Die vom O. F. M. Danckelmann in ähnlicher Weise entwickelte Formel ist:

$$\text{Etat} = \frac{f^n(f-1)\,v}{f^{n+1} - 1}.$$

(Z. f. F. u. Jw. Heft 1. S. 24.)

Hundeshagen (Forstabschätzg. 2. Aufl. 1848 S. 159, 205) ermittelt das Verhältniß, in welchem der Vorrath zur Nutzung steht (Nutzungsprozent) und bildet dazu Erfahrungstafeln:

Altersreihe	Massenreihe 1 Stamm enthält	Massensumme	Nutzgebrauch
Jahre	cbf	cbf	Procent
30	2	—	—
40	9	58 [1]	—
50	17	192	0,088 [2]
60	28	423	0,0661
70	41	774	0,053
80	59	1283	0,046
90	80	1989	0,0402
100	102	2910	0,0350
110	122	4040	0,0302
120	140	5359	0,0261

Gesetzt nun, es werden für einen Mittelwald auf gutem Boden, bei 30 j. Unterholz-Umtrieben, folgende Verhältnisse als Norm festgestellt:

---

[1] Die Massen-Summa entwickelt sich aus der Addition des Inhalts der Jahrgänge 30 = 2; 31 = 3; 40 = 9, Summa = 58.

[2] $\frac{192}{17} = 0{,}088.$

Bestand vor dem Hiebe:

1 Stamm 120 Jahre alt à 140 cbf = Sa. 140 cbf ⎫
2 „ 90 „ „ à 80 „ = „ 160 „ ⎬ Sa. 636 cbf.[1])
12 „ 60 „ „ à 28 „ = „ 336 „ ⎭

	Zur Abnutzung kommen		fordert Materialfond
1 Stamm	= 120 Jahre	= 140 cbf	. . . . . . 5359 cbf
1 „	= 90 „	= 80 „	. . . . . . 1989 „
10 „	= 60 „	= 280 „	. . . . . . 4230 „
		500 cbf	. . . . . 11578 cbf.

Demnach Nutzungsprocent des Oberholzes = 0,0432 = 4,3 %. Allgemeine Formel: $_wE : _wV = nE : nV$.

Einwand: Es giebt Fälle, in welchen trotz großen Vorraths wenig, trotz geringen Vorraths viel genutzt werden muß, obwohl dies in geordneten Forsten kaum vorkommt. Ebenso schwerlich im Mittelwalde auch die, zwar mathematisch denkbaren extremen Fälle, z. B. Vorrath = Null.

Eine Reihe von Forstschriftstellern, H. L. Hartig,[2]) Cotta,[3]) C. Heyer,[4]) Pfeil[5]) (letzterer in dem oben S. 56 angeführten häufigsten Falle zu a), setzen den Schlag=Etat im Oberholze gleich derjenigen Oberholzmasse, welche, nach örtlicher Ermittelung in jedem Schlage, innerhalb des nächsten (I.) Unterholz=Umtriebes herauszuhauen ist (Aushiebsmasse).

Eine weitere Reihe von Forstschriftstellern (Th. Hartig,) Kraft) stellt den für jeden Schlag wirthschaftlich wünschenswerthen Ueberhalt (sogenannten Normal=Ueberhalt) fest, zieht diesen vom gefundenen wirklichen Vorrath ab; die Differenz ist = Schlag=Etat.

Ertragsberechnung nach O. F. M. Kraft (s. von Baur, Monats= schrift, Mai 1868 und A. F. u. J. Ztg., Juli 1878, S. 230 ff.) erfolgt ebenfalls nur für I. Unterholz=Umtrieb. Die Zeit desselben wird in mehrere Perioden à 4—6 Jahre zerlegt.[6]) Auf diese Perioden werden die Schläge vertheilt, ganz nach der bei Hochwaldabschätzung üblichen Art, so daß die hiebsbedürftigeren Mittelwaldschläge in nähere Perioden, die noch aus= bauernden in spätere mit ihrem Vorrath eingesetzt werden. Der Zuwachs wird bis Mitte der halben Perioden=Zeit hinzugerechnet, also für I. P. auf 2, für II. auf 6, für die letzte auf $3 \times 4 + 2 = 14$ Jahre. Annähernd

---

[1]) Fm. Weise findet in einer Besprechung des Nutzungs=Procents (Zeitschrift für Forst. u. Jgdw. 1882) den Maßstab für die wirkliche Normalität nur in Gleichheit der Schirmflächen der einzelnen Altersklassen.

[2]) Die Forstwissenschaft in ihrem ganzen Umfange.

[3]) Waldbau, 9. Aufl. 1865. S. 127 ff.

[4]) Wald=Ertr.=Reglg. 3. Aufl. 1883. S. 260 Nr. 2.

[5]) Forsttaxation 3. Aufl. 1843. S. 297.

[6]) Cf. Pfeil, Forsttaxation S. 303. „Eintheilung des Mittelwaldes in Perioden.“

gleiche periodische Erträge sind zu erstreben, wobei, ganz wie im Hochwalde, durch Verschiebungen Ausgleiche erfolgen sollen.

$$\text{Etat} = \text{Vorrath} + \text{Zuwachs} - \text{Ueberhaltsmasse} \quad (\text{Normal-Ueberhalt})$$
$$\text{Periodendauer}$$

| Perioden = | I. | II. | III. | IV. |
Dauer =	1.—4. Jahr	5.—8.	9.—12.	13.—16. Jahr
Schlag I		35 ha		
„ II	35 ha			
2c.				

Beispiel nach Kraft: Die Fläche der I. Periode sei 140 ha; gegenwärtiger wirklicher Vorrath (wV) + 2jähr. Zuw. = 21000 fm; die für die II. Periode überzuhaltende Masse sei pro ha durchschnittlich 100 fm, also für 140 ha = 14000 fm, so ist Etat für I. Periode 21000—14000 fm, also jährlich $\dfrac{7000}{4}$ fm = 1750 fm.

Bei starken Verschiebungen würde die Umtriebszeit des Unterholzes wesentlich verändert; ist dieselbe an und für sich kurz und werden Schläge weit vorgeschoben, so kann das Unterholz als nicht abhiebswerth sich gestalten.

Die von O. F. M. Kraft a. a. O. S. 179 aufgeworfene interessante Frage, ob gleiche Oberholzmassen annähernd gleiche Schirmflächen besitzen, also die Schirmflächen sich wie die Massen verhalten, mögen diese aus älteren oder jüngeren Klassen gebildet sein, läßt sich u. A. auch nach Fm. G. Wagener, Waldbau 1884, S. 465, beantworten:

Es haben auf I. Bodenklasse:

	Massengehalt	Schirmfläche	Das Verhältniß der Alters-klassen ist nach	
			der Masse	b. Schirmfläche
30j. Eichen-Laßreiser	0,16	7,1	1	1
40j. Oberständer	0,35	17,0	2,19	2,4
60j. angeh. Bäume	1,36	42,6	8,5	6
80j. haubare Bäume	3,15	89,5	19,6	12,6
100j. Hauptbäume	5,07	141,8	31,7	20,0

Desgleichen ist nach den Ermittelungen des Fm. Knorre (A. F. u. J. Ztg. Bd. VIII Suppl. 1. 1871. S. 78) an Mittelwald=Eichen auf Boden I. Kl. (vorzüglichster Beschaffenheit)

Alter	Ganze Höhe	Durchmesser bei 1,3 m	Formzahl	Massengehalt	Zuwachs %	Kronen-Durchmesser	Schirmfläche
				einschließlich Reisig			
Jahre	m	cm		fm		m	qm
30	11,9	18	0,50	0,155		3,14	7,09
40	14,1	26	0,52	0,387	14,9	4,71	17,02
60	18,8	39	0,60	1,350	12,3	7,53	42,55
80	22,6	52	0,65	3,120	6,6	10,67	89,36
100	24,5	61	0,70	5,012	3,0	13,49	141,85

Es verhalten sich also die Massen = $1 : 2,5 : 8,6 : 20 : 32,0$

„   „   „   „ die Schirmflächen = $1 : 2,4 : 6,0 : 12,6 : 20,0$

Ganz ähnliche Verhältnisse sind hier ermittelt.

Es wächst also die Schirmfläche nicht in gleich hohem Verhältniß wie die Masse.

Das bei der Betriebseinrichtung angewandte Verfahren.

Die zugehörige Hochwaldfläche ist unbedeutend und zur Ausgleichung ungleicher Jahreserträge im Mittelwalde unzureichend, letzterer also selbstständig zu behandeln. Die Schlageintheilung am besten und natürlichsten im Verhältniß zur Bodengüte, um dauernd annähernd gleiche Erträge zu erzielen und nicht immer zwischen bald großem, bald geringem Angebote, zur Benachtheiligung des Marktes und der Käufer, schwanken zu müssen. Ueber diesen wichtigen Punkt kommen die Gegner der Proportionalschläge nicht leicht hinweg. Jagengrenzen sind möglichst auf passende Schlaggrenzen zu legen und dann fester Ausbau, zur Holzabfuhr im nassen Terrain. Ist der Mittelwald untergeordnet, neben ausgedehntem Hochwald vorhanden, so wird Gleichmäßigkeit der Jahreserträge weniger wichtig und kann die Schlageintheilung eine rein geometrische sein, auch Zusammenfassung mehrerer Schläge (Pauschquanta) ohne vorherige Absteckung für die einzelnen Jahre, stattfinden.

Die Unterholzmenge kann, je nach Boden und Rentabilität, innerhalb des weiten Spielraums vom bloßen Bodenschutzholz an bis zur Hauptberücksichtigung schwanken. 75 % Oberholz und 25 % Unterholz der Fläche nach ist im Allgemeinen ein geeignetes Verhältniß.

Die **Ertragsberechnung** des Unterholzes erfolgt nach örtlichen Erfahrungstafeln (Controlbuch); bei verändertem Umtrieb nach seitherigem Durchschnittszuwachs pro ha, mal neuer Umtriebszeit.

Die **Ertragsberechnung** vom Oberholze wird nur auf die Dauer eines Unterholz-Umtriebes ausgeführt, der zur Zeit der Betriebseinrichtung vorhandene Oberholzvorrath jedes Schlages, eventuell jeder Abtheilung, an Derbholz wird durch Kluppen und Berechnung nach örtlichen, beim Mangel solcher, nach allgemeinen Burkhardt'schen (in „Hilfstafeln für Forsttaxatoren") ermittelt; dabei Trennung der Altersklassen, bei Eichen in 5, bei Eschen, Rüstern 2c. in 4, bei Weichholz in 2 Klassen. Für jede wird ihr Zuwachsprocent in den einzelnen Schlägen und Abtheilungen ermittelt. Für Schläge mit gleichen Wuchsverhältnissen kann dasselbe auch als gleich angenommen werden. Der Zuwachs bis zum Hiebsjahre wird dem derzeitigen Vorrath zugerechnet.[1]

Der Schlag-Etat vom Oberholz wird annähernd dem wirklich erfolgenden Zuwachs gleich gesetzt, mit Hinblick auf den zu erstrebenden Normal-Vorrath nach der Formel:

$$ wE = \frac{wZ \pm wV - nV}{a} $$

dabei bedeutet $wE =$ wirklichen Etat

,,   ,, $wZ =$,,   Zuwachs

,,   ,, $wV =$,,   Vorrath

,,   ,, $nV =$ normaler   ,,

,,   ,, a $=$ Berechnungs-Zeit, innerhalb welcher

der Unterschied zwischen wV und nV ausgeglichen werden soll.

Desgleichen kann die Danckelmann'sche Formel zur Berechnung der Schlagetats dienen.

Der jährliche Abnutzungssatz eines Blockes (Reviers) ist gleich der Summa sämmtlicher Schlagetatsmassen in demselben, während des I. Unterholz-Umtriebs, dividirt durch die Zahl der Jahre des letzteren; hierbei werden die ermittelten Schlag-Etats durch den Abnutzungssatz mehr oder minder stark beeinflußt, indem die Mehr- oder Minder-Erträge des einen Schlages bei dem anderen in Abrechnung kommen u. s. w. Durch größere Windfälle, wie sie nach Frühjahrswasser im Auenwalde nicht selten sind, wird, wenn die Schlag-Eintheilung inne gehalten werden muß, an den Schlag-Etats stark gerüttelt. Dieselben stellen aber die ermittelte, wirthschaftlich zweckmäßigste Hiebsmasse für jeden Schlag dar. O. F. M. Danckelmann[2] stellt daher den Grundsatz auf, Abschnitt C. des Controlbuches für Mittelwald sei gänzlich zu beseitigen.

O. F. M. Kraft[3] kommt zu ähnlichem Schlusse dahin, daß der Ab-

---

[1] Das Nähere, einschließlich Formular, in: „Forstl. Verhältnisse Preußens" S. 167. 171. 175.

[2] Zeitsch. f. F. u. Jw. Sept. 1979, S. 197.

[3] A. F. u. J. Ztg. Juli 1878, S. 232.

nutzungsſatz für Mittelwald nur den Zwecken des Material= und Geldetats dienen könne; innezuhalten seien lediglich die Schlag=Etats.

Ein Auskunftsmittel wäre auch, Windbruch und dergl. Kalamitäts= Material außer Controle zu laſſen, ähnlich den Vornutzungen im Hochwalde resp. Einſparung auch an den Flächen der Jahres=Schläge, entſprechend den anderweit bereits erlangten Hiebsmaſſen, wodurch der Unterholz=Umtriebs= zeit allerdings verſchoben wird.

Das neue Verfahren der Ertragsberechnung für Mittelwald unterſcheidet ſich von dem früheren (Pfeil'ſchen) dadurch, daß:

1. der geſammte Oberholz=Vorrath, bis auf die jüngſte Altersklaſſe, zur Ertragsermittelung herangezogen wird, während dies früher nur für die älteren Klaſſen geſchah, die jüngeren aber wie die Vornutzung des Hochwaldes behandelt wurden. Die ſich nach dem früheren Verfahren ergebenden Maſſen, des nicht controlfähigen Derbholzes waren daher weſentlich größer, als diejenigen nach dem neuen Abſchätzungsverfahren, bei welchem lediglich das Derbholz vom Unterholz außer Controle für den Abnutzungsſatz bleibt. Beide Größen, die nicht controlfähigen Erträge des früheren und diejenigen des neuen Abſchätzungs=Verfahrens laſſen ſich daher nicht nach denſelben Geſichts= punkten vergleichen, was für etwaige Zugrundelegung von früheren Oberholz= Erträgen, nach Art von Erfahrungstafeln, Berückſichtigung verdient;

2. der Oberholz=Vorrath in Altersklaſſen zerlegt wird,

3. der Zuwachs nicht mehr für jede der drei Hauptholzarten (Eich. Buch. Weichh.) ſummariſch, ſondern für jede Altersklaſſe beſonders berechnet wird.

4. die Ertragsberechnung nur auf 1 Unterholzumtrieb ausgedehnt wird, während früher, bei abnormem Altersklaſſenverhältniß, dies auf mehrere Um= triebe möglich war.

Angaben über Erträge etc. vom Mittelwalde.

Ein überſchläglicher, („tachymetriſcher"), mäßiger Etat bei 120 j. Eichen= Umtriebe und leidlichem Altersklaſſen=Verhältniß iſt: $\frac{1}{4}$ vom Vorrath im Hiebsjahre bei Eichen, $\frac{1}{3}$ bei Buchen, $\frac{1}{2}$ bei Weichholz.

Finden ſich innerhalb eines Mittelwaldes geſchloſſene Hochwald= Abtheilungen an Nadelholz 2c., welche zu klein ſind, einen ſelbſtſtändigen Block zu bilden, ſo werden ſie dem Mittelwaldbetriebe eingefügt, unter Ein= tragungen in folgende Spalten: 1. Beſtandsbeſchreibung, 2. „gefundener Vorrath an Oberholz": und zwar etwaige Derbholzmaſſe, unter der betreff. Altersklaſſe, 3. „Zuwachs", 4. „Oberholz=Vorrath z. Z. des Hiebes", 5. „ Da= von ſoll abgenützt werden", 6. „Davon ſoll übergehalten werden".

Zu 5: Wird der Beſtand innerhalb des I. Unterholz=Umtriebes hau= bar, ſo wird die Abtriebsmaſſe an Derbholz gebucht, andernfalls hier nur die Durchforſtungsmaſſe; Durchforſtungen aus Reiſigbeſtänden werden bei

Schlagholz eingetragen, während Reisig vom Derbholz nach Procenten des letzteren (wie beim Oberholz) zusätzlich, am Abschlusse des Blocks, ermittelt wird.

Alle Ertragsberechnungen im Mittelwalde, welches Verfahren auch angewendet werde, liefern nur Näherungswerthe. Es beruht dies auf der verhältnißmäßigen Unsicherheit der Grundlagen, der Ermittelung von Vorrath, Zuwachs, Schirmflächen u. dergl.

Vorrath und Erträge des Mittelwaldes:

Für das hiesige Revier sind anzunehmen:

Mulde-Boden	Durchschnittl. Oberholz-Vorrath dicht vor dem Hiebe	Abnützung: bei 18 j. Unterholz-Umtriebe pro Jahr und ha:		
		vom Oberholze		vom Unterholze
	Derbholz fm	Derbholz fm	Reisig fm	fm
I. Klasse:	150 und mehr, auf einzelnen Schlagtheilen über 200 fm	2,8—3,5	0,40	2,0
II. Klasse:	130—150	2,1—2,5	0,40	2,1
III. Klasse:	bis 130	1,8—2,0	0,31	2,2

Die Stammgrundfläche vom Derbholz, welche von Cotta auf 24 qm pro ha, von Fm. Wagener auf 22 qm, bei vorherrschenden Rothbuchen, angenommen wird, beträgt hier in max. 18 qm, während schon bei 12 qm ein leiblich guter Schluß des Oberholzes vorhanden ist.

Dabei sind hier gewonnen an Nutzholz: 1. Eichen 48% vom Derbholz, 2. Eschen, Rüstern, Ahorn, Weißbuchen = 48%, 3. Weichholz 42%.

Im Mühlhauser (Thüringen) Stadtwalde (Rothb. u. Eich. Obhz.) sind nach Mittheilungen von Lauprecht (Allg. F. u. J. Ztg. Bd. 8, Supplem. Heft 1) in der Zeit von 1758 bis 1867 jährlich durchschnittlich genützt:

	Oberholz:		Unterholz:	Dabei gefundener Ueberhalt:
	Derbholz	Reisig		
Im Forstort Kringel	2,41 fm	0,42 fm	1,40 fm	174 fm
„ „ Schneide	2,85 „	0,51 „	1,63 „	220 „
„ „ Landgraben	3,35 „	0,86 „	0,85 „	210 „

In der Oberförsterei Schkeuditz, auf gutem Saale- und Elsterboden beträgt der jährliche durchschnittliche Zuwachs und Abnutzungsatz im Oberholze pro ha 3,3 fm, im Unterholze, bei 10—20jährigem Umtriebe = 1,4 fm.

Pfeil: (Krit. Bl. 1848 Band 2 S. 94—220) nimmt folgende hohe Sätze für Vorrath vor dem Hiebe an, welche sich mehrfach allerdings auf Rothbuchen-Oberholz mitbeziehen.

	Pfeil:		Kraft:	
	Vorrath vor dem Hiebe	Boden-Klasse	Vorrath vor dem Hiebe	Abnutzung von Ober-holz incl. Reisig innerhalb Unth. Umtr.
gering:	75— 80 fm	V.	80— 90 fm	30 fm
mittel:	100—105 „	IV.	110—130 „	42 „
gut:	140—150 „	III.	140—160 „	53 „
sehr gut:	220—260 „	II.	160—190 „	63 „
		I.	180—230 „	74 „

Pfeil erwähnt noch mehrerer Ermittelungen hervorragend guten Wuchses in Mittelwäldern, z. B. nach Schulze im Braunschweig'schen pro ha jährlich 5,56—6,43 fm, in Oberwäldern 8,6—9,8 fm. In Oberförsterei Löbderitz, Belauf Rosenburg, Jag. 130, Schlag 2, finden sich 352 fm pro ha an Derbholz-Oberholz. Fm. Wagener (Waldb.) führt ähnliche Zahlen an.

Nach den statistischen Nachweisungen der Forstverwaltung des Großh. Baden ergeben sich vergleichsweise:

I. Hochwald

	Haupt-Nutzung	Zwischen-Nutzung	Summa	Davon: Derbholz	Reisig	
1881 pro ha	3,40 fm	0,91 fm	4,31 fm	80,5%	18,8%	}
				0,7 % Nutzh.		
1882 „ „	3,61 „	0,93 „	4,45 „	82,2%	16,8%	}
				1,0 % Nutzh.		
1883 „ „	3,89 „	1,05 „	4,94 „	81%	18,1%	}
				0,9 % Nutzh.		

II. Mittelwald

vom Derbholz [2]

	Haupt-Nutzung	Zwischen-Nutzung	Summa	Davon: Derbholz	Reisig	Nutzb.	Brennh.
1881 pro ha	4,02 „	0,05 „[1]	4,07 „	46,3%	50,8%	18%	82%
				2,9 % Nutzh.			
1882 „ „	4,66 „	0,06 „	4,72 „	46%	46,7%	20%	80%
				7,3 % Nutzh.			
1883 „ „	4,51 „	0,11 „	4,62 „				

Reinertrag pro ha:

I. im Hochwalde	II. im Mittel- und Niederwalde
1881 = 30,43 M.	33,06 M.
1882 = 33,06 „	39,11 „
1883 = 37,56 „	42,11 „

---

[1] Es scheint danach in Baden die erwünschte Zwischennutzung eingeführt zu sein.

[2] Die ursprünglichen badischen Angaben beziehen sich auf das Nutzholz-Procent von der Gesammtmasse: des Derb- + Reisigholzes und zwar pro 1881 = 11,2% 1882 = 16,7%.

Im hiesigen Revier ergiebt sich nach 5jährigen Durchschnitten (1881—1885) jährlich pro ha

1. im Mittelwalde, auf Mulde-Auenboden der Blöcke 4 und 5.

2. im Hochwalde, auf Kiefernboden II. Klasse mit Einsprengung von Eichen und Weißbuchen, Block 2.

Oberförsterei Zöckeritz	Derbholz		Nutzholz %	Stock u. Reisig incl. Nutzholz	Summa des gesammten Einschlages	Brutto-Einnahme	Ausgaben		Summa der Ausgaben	Reinertrag
	Nutzholz	Scheite und Knüppel					Hauerlöhne	Kultur-gelder		
	Festmeter						Mark			
1. Mittelw. Block 4 u. 5 jährlich pro ha	1,48	1,84	45	3,72	7,04	69,04	9,22	4,92	14,16	54,88
	3,32									
2. Hochwald Block 2	2,72	1,28	68	1,86	5,86	65,40	5,89	1,45	7,34	58,06
	4,00									

Hiernach waren die Brutto-Einnahmen im Mittelwalde höher, die Reinerträge jedoch im Hochwalde, wobei zu bemerken, daß letzterer außerhalb des Kohlenbezirks liegt und 2fach höhere Preise für Reisig liefert.

Bei gleichen Preisen für letzteres würde der Ertrag des Mittelwaldes etwas höher sein.

Die Kulturkosten im Auen-Mittelwalde sind wegen Erziehung sehr vielen Pflanzmaterials in graswüchsigem Boden und wegen kostspieliger Erhaltung nasser Wege theuerer.

Fm. Knorr weist folgende durchschnittliche Erträge von Eichen nach (A. F. u. J. Ztg. Bd. 8, Suppl. 1 v. 1871) pro ha:

Betriebsart	Reicher Boden		Guter Boden		Mittel-Boden		Ungünst. Boden	
	ohne	mit	ohne	mit	ohne	mit	ohne	mit
	Durchforstung		Durchforstung		Durchforstung		Durchforstung	
	Festmeter							
1. Hochwald, rein, nicht über 120 Jahre incl.	8,2 9,8	9,9	4,9 6,2	6,1 8,0	4,3	5,6	3,7	5,0
2. Mischbestände........	—	—	6,8	8,6	5,0	6,2	—	—
3. Hochlichtwald von 100 Jahren	8,2	9,9	—	—	—	—	—	—
4. Pflanzwaldungen von 100 Jahren	—	—	5,6	6,8	3,7	5,0	—	—
5. Mittelwald Oberholz 100j., Unterholz 20j.	5,9	9,9	3,7	6,2	—	—	—	—
6. Nieder- oder Schälwald	—	—	6,1	6,7	3,2	3,7	nebst 4—8 Ctr. Lohrinde.	

Im 9. Heft „Aus dem Walde" 1879, geben Burckhardt und Kraft interessante Nachrichten über hohe Erträge des Eichen-Lichtungstriebes. Derselbe liefert demnach auf:

	I. Standortsklasse	III. Standortsklasse	V. Standortsklasse
Aushieb von 55—100 Jahre [1])	345—435 fm	245—335 fm	190—240 fm
Abtrieb bei 120 Jahre	390—440 „	290—340 „	200—240 „
Ueberhalt im 100. Jahre : Festmeter incl. Reis pro ha . . .	240—280 „	180—220 „	125—155 „
Mittlere Bestandshöhe bei 120 Jahren	29 m	23 m	17 m

Umwandlung von Mittelwald in Hochwald.

Pfeil (Theorie der Wirthschaftsführung im Mittelwalde, Krit. Bl. 1848, Heft 2, Bd. 25, S. 94—220) zeigt sich als ein großer Verehrer desselben, „soweit die Verhältnisse dafür passen", ebenso Fm. Knorr nach eingehenden Untersuchungen (A. F. u. J. Ztg., VIII. Bd., Supplem. Heft 1, 1871, S. 62—84) und Fm. Wagener („Waldbau").

Mittelwald eignet sich nur für Boden von solcher Kraft, daß er von selbst genügendes Unterholz hervorzubringen vermag. Von größter Bedeutung ist ferner Frische resp. Feuchtigkeit, da der Mittelwald auf trockenem Boden kümmert, während Ueberschwemmungsböden so recht seine Heimath bilden und starke Strömung und Eisgang ihn als Schutzwald erfordern. Nicht passend ist er für rauhes Klima, wo die Ausschläge wegen der kurzen Sommer nicht verholzen, auch wirkt in höheren und nördlichen Lagen die Beschattung des Oberholzes nachtheiliger als in warmen Lagen, da das Licht nicht intensiv genug ist.

An einen gut bestandenen Mittelwald muß jedenfalls auch der Anspruch gestellt werden, daß der gesammte Boden- und Luft-Wachsraum vollständig in Anspruch genommen und ausgefüllt wird, sei es durch älteres, sei es durch jüngeres Oberholz und Heister, oder durch Unterholz.

Vortheile des Mittelwaldes sind im Allgemeinen:

1. Derselbe beansprucht ein äußerst geringes Material-Kapital von etwa ¹/₃ des Hochwaldes.

2. Desgleichen eine wesentlich kürzere Umtriebszeit zur Erziehung gleicher Stärken.

---

[1]) Hierbei wird vieles schwache Aushiebsmaterial nur für engsten Lokalbedarf verwendbar und, wo Bergwerke fehlen, kaum verwendbar sein.

3. Der Mittelwald bietet zugleich Schutzwald an Berghängen gegen Abspülen des Bodens, vermöge des Unterholzes und Plänterung des Ober= holzes, mit Belassung fortwährenden lebenden Wurzelgeflechtes, desgleich gegen Strom und Eisgang; letzterer bricht oft größere Flächen gleichalter Kulturen fortgesetzt zusammen.

4. Die Freiheit des Betriebes ist eine sehr große; denn für jede kleinsten Bodenstellen kann man zu jeder Zeit diejenigen Holzarten und dasjenige Alter für dieselben wählen, welche dem höchsten Ertrage entsprechen.

5. Die Nutzungen sind weit vielseitiger als im Hochwalde. Keine Be= triebsart eignet sich besser für Mischbestände, da die verschiedensten Holzarten, theils im Ober=, theils im Unterholze, unter Beihülfe natürlicher Ansiedlung, auftreten resp. zu jeder Zeit und viel leichter als im Hochwalde eingeführt werden können, möge sie auch die verschiedensten Ansprüche an Boden, Licht oder Schatten machen und den verschiedensten Wuchs oder Umtrieb haben.

Bemerkung. Wenn auch Mischungen theoretisch leicht denkbar sind, so treten doch im Hochwalde in Wirklichkeit meist nur 1 oder 2 Hauptholz= arten auf[1]), die übrigen bleiben kaum erwähnenswerth, halten auch wegen ihrer besonderen Ansprüche an Wuchs und Umtrieb nicht aus.

Im hiesigen Mittelwalde, bei fast gleichem Angebot von Eichen, Eschen, Weißbuchen, Ahorn, Rüstern, Erlen, Birken treten fast für jede Holzart besondere Specialisten als Holzkäufer auf. Da die Umwandlungen von Niederungs=Mittelwald hauptsächlich Eichen zu liefern pflegen, so verschwindet dort ein Theil jener Käufer für Specialitäten und der Absatz wird schwer= fälliger. Dazu kommt, daß in fast allen Revieren in neuerer Zeit Eichen= anbau im Großen eifrig betrieben wird. Es dürfte daher einst fast Ueber= production derselben eintreten und daher die Gelegenheit zu wahren sein, wo auch andere vielbegehrte Nutzhölzer mit Leichtigkeit erzogen werden können.

6. Die Ausfüllung von Lücken wird im Hochwalde, vom Stangenalter an, sehr schwierig und theilweis unmöglich.

7. Die Erziehung von Starkhölzern ist im Mittelwalde stammweise und nach individueller Auswahl möglich.

8. Bei Kahlhieben im Hochwalde treten auf vorher anscheinend trockenen Lagen öfter Wasserreichthum, Versumpfung und erstickender Wuchs von Gras und Binsen ein,[2]) sobald die Auffaugung durch den Bestand aufhört. Dieser oft alle Saaten und Jungpflanzungen hindernde Uebelstand fällt im Mittel= und Plänterwalde weg.

Andererseits erfordert der Auen=Mittelwald hohe Kulturkosten und fort= gesetzte sehr viele gärtnerische Arbeit und reichliche Arbeitskräfte.

---

[1]) S. Forstrath Heiß: v. Baur Centralbl. 1882 Heft 2: über die Schwierigkeit resp. Erfolglosigkeit regelmäßiger Mischungen.

[2]) Brecher: Mischhölzer für Kiefern. Ztschr. f. F. u. Jw. 1875, Bd. 7, S. 48 ff.

Alle forstlichen Autoritäten, namentlich Pfeil, Kraft, Knorr, Wagener, empfehlen daher bringend, vor jeder Umwandlung von Mittelwald erst alle einschlagenden örtlichen Verhältnisse, sowie Rentabilität aufs Allersorgfältigste zu prüfen, weil nicht selten nur Schaden anstatt der gehofften Vortheile erwachsen sei.

Verfahren bei Umwandlungen in Hochwald.

1. Bei jeder Schlagführung werden umfangreichere Flächen von etwa $\frac{1}{8}$ der Schlaggröße, event. mit Schonung guter Kernwüchse, abgetrieben und, soweit möglich, zur landwirthschaftlichen Vorkultur ausgegeben, darauf mit Eicheln, unter Anpflanzung geeigneter Mischhölzer, angesät (s. Tramnitz, Schles. Jahrb. 1884).

2. Verminderung der Starkhölzer und möglichste Füllung der Bestände mit Heistern und Laßreisern, zur allmählichen Ausgleichung der größten Verschiedenheiten in den Altersklassen. Erfolg von eigentlichen Samenschlägen ist im Niederungs-Mittelwalde nur in geringem Maße zu erwarten.

Cotta (Waldb. 1865) giebt diesem Verfahren ad 2 folgende Form: Es wird eine Umwandlungszeit von 70 Jahren festgesetzt.

Wenn im Jahre 1880 der Ueberhalt im Schlage 1 pro ha beträgt:

a) 18 Bäume zu 150 Jahren = 25,42 fm,
b) 36 „ „ 120 „ = 14,76 „
c) 54 „ „ 90 „ = 6,36 „
d) 72 Oberständer 60 „ = 2,04 „
e) ca. 1200 Laßreiser und entsprechendes Unterholz.

1. Zuerst 30jähriger Umtrieb gewählt. Der Hieb im Jahre 1910 entnimmt: die Klassen a und b vollständig von c 18, von d 8 Stück. Es bleiben: 36 Stämme zu 120 Jahren, 72 zu 90, ca. 1100 (frühere Laßreiser) zu 60 Jahren.

2. Nunmehr 40jähriger Unterholz-Umtrieb eingelegt, so daß nur je $\frac{3}{4}$ der früheren Schlaggröße gehauen wird. Es stehen daher:

a) 27 St. zu 120 J., b) 54 St. zu 90 J., c) 825 St. zu 60 J.
Hiervon ab im 40jähr. Umtriebe 27 Stämme   54 Stämme   407 Stämme

Bleibt Ueberhalt   418 St. zu 100 J.,   825 St. zu 70 J. ꝛc.

Nun kann 90jähriger Hochwald-Umtrieb beginnen. Die Etats während der Umwandlungszeit werden aus dem Inhalte der Aushiebsmassen ermittelt.

Ein gebräuchliches, auch in der Nachbarschaft praktisch durchgeführtes Umwandlungsverfahren ist: Ein Theil bleibt vorläufig noch Mittelwald, der Rest wird, wie im Hochwalde, in Periodenflächen à 20 Jahre getheilt.

In die I. Periode kommen die nach Alter und Beschaffenheit hiebsbedürftigsten Orte zum hochwaldigartigen Abtriebe. Der Etat bildet sich aus:

a) den Aushiebsmassen der I. Periode,

b) den Aushiebsmassen in den ferneren Perioden. Sämmtliche Erträge, mit Ausschluß der Durchforstungen in Stangenhölzern wurden zur Hauptnutzung gerechnet.

Für die II. Periode werden möglichst geschlossene Bestände gewählt, mit geringem Bedarf an Nachbesserungen, welche, bis zum Abtriebe nach 30 Jahren, doch nicht mehr recht lohnen würden.

Für die III. und ferneren Perioden richtet sich die Auswahl nach Alter und Beschaffenheit der Bestände; in ihnen ist auf alle mögliche Weise für Lückenfüllung zu sorgen, weil dann die Laßreiser, Pflanz= und Saatkulturen noch 40—60, resp. 60—80 Jahre 2c. Entwickelungszeit haben.[1]

Im Canton Aargau ist vom Forstrath Gehret[2] seit 1849 eine Umwandlung „schlechter Mittel= und Niederwaldbestände" durch das sogenannte „Vorwaldsystem" erfolgreich durchgeführt.[3]

Zunächst schlagweiser Kahlhieb, mit Rodung zu etwa 3 jähriger landwirthschaftlicher Mitbenutzung, für Anbau von Kartoffeln und anderen Hackfrüchten. Im ersten Jahre nach der Rodung erfolgte Pflanzung in 1,5—2 m entfernten Reihen, mit 0,6—1,0 m Weite in denselben und zwar abwechselnd so, daß eine, die „Hochwaldreihe," mit den später bestandbildenden, mehr oder weniger schattenertragenden Holzarten (Buchen, Hainbuchen, Tannen, Fichten, Eichen, Eschen, Ahorn, Rüstern), die andere die „Vorwaldreihe" mit schnellwüchsigen Lichthölzern, namentlich Lärchen, sowie Kiefern, Birken, Erlen bepflanzt wurde.

Die Vorwaldreihe soll anfangs zum Treiben, sowie zum Schutze der Hochwaldpflanzen, später, hauptsächlich von 40 Jahren ab, zu Aushieb und Holzbefriedigung dienen, so daß der Hochwald immer mehr selbstständig und vorherrschend wird. Die Erfolge sind nach Riniker und Heusler gute.

„Die meisten Vorwaldkulturen sind, soweit sie richtig angelegt, recht befriedigend und versprechen ein sehr einträglicher Hochwald zu werden." Vorbedingungen sind: Möglichkeit landwirthschaftlichen Zwischenbaus und genügende Arbeitskräfte zu Läuterungen.

Vortheilhaft möchte es, nach ähnlichen in Preußen ausgeführten Mischungen sein, je mehrere Reihen des Hauptbestandes zusammen zu fassen, und dieselben von Norden nach Süden zu richten, zur Verhütung der Ver-

---

[1] Vergleiche über Umwandlungen auch: Wagener Waldbau S. 470—477.

[2] Gottlieb Gehret, Forstinspector und Forstrath, geb. 1800 zu Aargau, besuchte die Cantonschule daselbst, und studirte dann auf den Universitäten zu Bonn und Berlin.

[3] S. Oberförster Riniker: Forstwesen d. Cant. Aargau 1878 S. 25 u. 26 und Riniker „Praktischer Forstwirth für die Schweiz" Octoberheft 1884. Herrn Oberförster Riniker sage ich hierdurch besten Dank für gütige Uebersendung vorbezeichneter beider interessanter Schriften, desgl. Herrn Kreisförster Heusler zu Lenzburg für freundliche Mittheilungen über die Erfolge des Vorwaldsystems.

dämmung durch die schnellwüchsigen Nachbarreihen und zur Gewährung des Mittagslichtes für die niedrigen langsamwüchsigen Reihen.[1]

Erwägt man, daß das Oberholz des Mittelwaldes durch seinen freien Stand überall den starken Zuwachs von Randbäumen hat, daß es in der Hand und in der Aufgabe des Wirthschafters liegt, jeden einzelnen Baumholzstamm möglichst bald zu beseitigen und in den Beständen nur eine Elite werthvollster Nutzholzstämme herzustellen, auch alle Vortheile der Mischbestände zu haben und jedes einzelne Baumindividuum der entsprechenden Bodenstelle anzupassen, daß ferner durch die so leicht mögliche Ausfüllung aller entstehenden Lücken die Quantität auf das für die Bodenklasse relativ höchste, selbst bis an Hochwald heranreichende Maß heraufzubringen ist, daneben die Sicherheit gegen Gefahren und die Verschiedenartigkeit der Erzeugnisse und die verhältnißmäßige Niedrigkeit des beanspruchten Material-Kapitals, so wird der Mittelwald als eine, wenn auch schwierige, aber intensive und gewinnbringende Betriebsart auf geeignetem Boden zu erachten sein.

---

[1] S. Brecher: Mischhölzer für Kiefern (Danckelmann Zeitschrift 1875 Bd. 7.)

Inhalt.

Buchdruckerei von Gustav Lange, jetzt Otto Lange, Berlin NW.

Additional material from *Aus dem Auen-Mittelwalde,*
ISBN 978-3-642-89567-8, is available at http://extras.springer.com